· *Mathematical Principles of Natural Philosophy* ·

　　至今还没有可能用一个同样无所不包的统一概念来代替牛顿的关于宇宙的统一概念。要是没有牛顿的明晰的体系，我们到现在为止所取得的收获都会成为不可能。

——爱因斯坦

　　我不知道世界会怎样看待我，但我认为自己不过像个在海滩上玩耍的男孩，不时地寻找到一些较光滑的卵石和漂亮的贝壳，并以此为乐，而对于摆在我面前的真理的汪洋大海，我还一无所知。

——牛顿

科学元典丛书·学生版

The Series of the Great Classics in Science

主　　编　任定成

执行主编　周雁翎

策　　划　周雁翎

丛书主持　陈　静　张亚如

　　科学元典是科学史和人类文明史上划时代的丰碑，是人类文化的优秀遗产，是历经时间考验的不朽之作。它们不仅是伟大的科学创造的结晶，而且是科学精神、科学思想和科学方法的载体，具有永恒的意义和价值。

科学元典丛书·学生版

自然哲学之数学原理

·学生版·

（附阅读指导、数字课程、思考题、阅读笔记）

[英] 牛顿 著　王克迪 译　袁江洋 校

北京大学出版社

PEKING UNIVERSITY PRESS

图书在版编目(CIP)数据

自然哲学之数学原理：学生版/(英)牛顿著；王克迪译.—北京：
北京大学出版社，2021.4
（科学元典丛书）
ISBN 978-7-301-31951-2

Ⅰ.①自… Ⅱ.①牛…②王… Ⅲ.①牛顿力学—青少年读物
Ⅳ.①O3-49

中国版本图书馆 CIP 数据核字（2021）第 005124 号

书　　　名	自然哲学之数学原理（学生版）	
	ZIRAN ZHEXUE ZHI SHUXUE YUANLI（XUESHENG BAN）	
著作责任者	〔英〕牛　顿 著　王克迪 译　袁江洋 校	
丛书主持	陈　静　张亚如	
责任编辑	陈　静	
标准书号	ISBN 978-7-301-31951-2	
出版发行	北京大学出版社	
地　　　址	北京市海淀区成府路 205 号　100871	
网　　　址	http://www.pup.cn　　新浪微博:@北京大学出版社	
微信公众号	科学元典（微信公众号：kexueyuandian）	
电子信箱	zyl@pup.pku.edu.cn	
电　　　话	邮购部 010-62752015　发行部 010-62750672	
	编辑部 010-62707542	
印刷者	北京中科印刷有限公司	
经销者	新华书店	
	787 毫米×1092 毫米 32 开本 7.5 印张 100 千字	
	2021 年 4 月第 1 版　2021 年 4 月第 1 次印刷	
定　　　价	38.00 元	

弁　言

Preface to the Series of the Great Classics in Science

任定成

中国科学院大学　教授

一

改革开放以来,我国人民生活质量的提高和生活方
式的变化,使我们深切感受到技术进步的广泛和迅速。
在这种强烈感受背后,是科技产出指标的快速增长。数
据显示,我国的技术进步幅度、制造业体系的完整程度,
专利数、论文数、论文被引次数,等等,都已经排在世界
前列。但是,在一些核心关键技术的研发和战略性产品

的生产方面,我国还比较落后。这说明,我国的技术进步赖以依靠的基础研究,亟待加强。为此,我国政府和科技界、教育界以及企业界,都在不断大声疾呼,要加强基础研究、加强基础教育!

那么,科学与技术是什么样的关系呢? 不言而喻,科学是根,技术是叶。只有根深,才能叶茂。科学的目标是发现新现象、新物质、新规律和新原理,深化人类对世界的认识,为新技术的出现提供依据。技术的目标是利用科学原理,创造自然界原本没有的东西,直接为人类生产和生活服务。由此,科学和技术的分工就引出一个问题:如果我们充分利用他国的科学成果,把自己的精力都放在技术发明和创新上,岂不是更加省力? 答案是否定的。这条路之所以行不通,就是因为现代技术特别是高新技术,都建立在最新的科学研究成果基础之上。试想一下,如果没有训练有素的量子力学基础研究队伍,哪里会有量子技术的突破呢?

那么,科学发现和技术发明,跟大学生、中学生和小学生又有什么关系呢? 大有关系! 在我们的教育体系中,技术教育主要包括工科、农科、医科,基础科学教育主要是指理科。如果我们将来从事科学研究,毫无疑问现在就要打好理科基础。如果我们将来是以工、农、医为业,现在打好理科基础,将来就更具创新能力、发展潜力和职业竞争力。如果我们将来做管理、服务、文学艺术等看似与科学技术无直接关系的工作,现在打好理科基础,就会有助于深入理解这个快速变化、高度技术化的社会。

我们现在要建设世界科技强国。科技强国"强"在哪里?不是"强"在跟随别人开辟的方向,或者在别人奠定的基础上,做一些模仿性的和延伸性的工作,并以此跟别人比指标、拼数量,而是要源源不断地贡献出影响人类文明进程的原创性成果。这是用任何现行的指标,包括诺贝尔奖项,都无法衡量的,需要培养一代又一代具有良好科学素养的公民来实现。

二

我国的高等教育已经进入普及化阶段,教育部门又在扩大专业硕士研究生的招生数量。按照这个趋势,对于高中和本科院校来说,大学生和硕士研究生的录取率将不再是显示办学水平的指标。可以预期,在不久的将来,大学、中学和小学的教育将进入内涵发展阶段,科学教育将更加重视提升国民素质,促进社会文明程度的提高。

公民的科学素养,是一个国家或者地区的公民,依据基本的科学原理和科学思想,进行理性思考并处理问题的能力。这种能力反映在公民的思维方式和行为方式上,而不是通过统计几十道测试题的答对率,或者统计全国统考成绩能够表征的。一些人可能在科学素养测评卷上答对全部问题,但经常求助装神弄鬼的"大师"和各种迷信,能说他们的科学素养高吗?

曾经,我们引进美国测评框架调查我国公民科学素养,推动"奥数"提高数学思维能力,参加"国际学生评估项目"(Programme for International Student Assessment,简称 PISA)测试,去争取科学素养排行榜的前列,这些做法在某些方面和某些局部的确起过积极作用,但是没有迹象表明,它们对提高全民科学素养发挥了大作用。题海战术,曾经是许多学校、教师和学生的制胜法宝,但是这个战术只适用于衡量封闭式考试效果,很难说是提升公民科学素养的有效手段。

为了改进我们的基础科学教育,破除题海战术的魔咒,我们也积极努力引进外国的教育思想、教学内容和教学方法。为了激励学生的好奇心和学习主动性,初等教育中加强了趣味性和游戏手段,但受到"用游戏和手工代替科学"的诟病。在中小学普遍推广的所谓"探究式教学",其科学观基础,是20世纪五六十年代流行的波普尔证伪主义,它把科学探究当成了一套固定的模式,实际上以另一种方式妨碍了探究精神的培养。近些年比较热闹的STEAM教学,希望把科学、技术、工程、艺术、数学融为一体,其愿望固然很美好,但科学课程并不是什么内容都可以糅到一起的。

在学习了很多、见识了很多、尝试了很多丰富多彩、眼花缭乱的"新事物"之后,我们还是应当保持定力,重新认识并倚重我们优良的教育传统:引导学生多读书,好读书,读好书,包括科学之书。这是一种基本的、行之有效的、永不过时的教育方式。在当今互联网时代,面对推送给我们的太多碎片化、娱乐性、不严谨、无深度的瞬时知识，我们尤其要静下心来，系统阅读，深入思考。我们相信，通过持之以恒的熟读与精思，一定能让读书人不读书的现象从年轻一代中消失。

三

科学书籍主要有三种：理科教科书、科普作品和科学经典著作。

教育中最重要的书籍就是教科书。有的人一辈子对科学的了解，都超不过中小学教材中的东西。有的人虽然没有认真读过理科教材，只是靠听课和写作业完成理科学习，但是这些课的内容是老师对教材的解读，作业是训练学生把握教材内容的最有效手段。好的学生，要学会自己阅读钻研教材，举一反三来提高科学素养，而不是靠又苦又累的题海战术来学习理科课程。

理科教科书是浓缩结晶状态的科学，呈现的是科学的结果，隐去了科学发现的过程、科学发展中的颠覆性变化、科学大师活生生的思想，给人枯燥乏味的感觉。能够弥补理科教科书欠缺的，首先就是科普作品。

学生可以根据兴趣自主选择科普作品。科普作品要赢得读者，内容上靠的是有别于教材的新材料、新知识、新故事；形式上靠的是趣味性和可读性。很少听说某种理科教科书给人留下特别深刻的印象，倒是一些优秀的科普作品往往影响人的一生。不少科学家、工程技术人员，甚至有些人文社会科学学者和政府官员，都有过这样的经历。

当然，为了通俗易懂，有些科普作品的表述不够严谨。在讲述科学史故事的时候，科普作品的作者可能会按照当代科学的呈现形式，比附甚至代替不同文化中的认识，比如把中国古代算学中算法形式的勾股关系，说成是古希腊和现代数学中公理化形式的"勾股定理"。除此之外，科学史故事有时候会带着作者的意识形态倾向，受到作者的政治、民族、派别利益等方面的影响，以扭曲的形式出现。

科普作品最大的局限，与教科书一样，其内容都是被作者咀嚼过的精神食品，就失去了科学原本的味道。

原汁原味的科学都蕴含在科学经典著作中。科学经典著作是对某个领域成果的系统阐述，其中，经过长时间历史检验,被公认为是科学领域的奠基之作、划时代里程碑、为人类文明做出巨大贡献者,被称为科学元典。科学元典是最重要的科学经典,是人类历史上最杰出的科学家撰写的,反映其独一无二的科学成就、科学思想和科学方法的作品,值得后人一代接一代反复品味、常读常新。

科学元典不像科普作品那样通俗,不像教材那样直截了当,但是,只要我们理解了作者的时代背景,熟悉了作者的话语体系和语境,就能领会其中的精髓。历史上一些重要科学家、政治家、企业家、人文社会学家,都有通过研读科学元典而从中受益者。在当今科技发展日新月异的时代,孩子们更需要这种科学文明的乳汁来滋养。

现在,呈现在大家眼前的这套"科学元典丛书",是专为青少年学生打造的融媒体丛书。每种书都选取了原著中的精华篇章,增加了名家阅读指导,书后还附有延伸阅读书目、思考题和阅读笔记。特别值得一提的是,用手机扫描书中的二维码,还可以收听相关音频课程。这套丛书为学习繁忙的青少年学生顺利阅读和理解科学元典,提供了很好的入门途径。

四

据 2020 年 11 月 7 日出版的医学刊物《柳叶刀》第396 卷第 10261 期报道,过去 35 年里,19 岁中国人平均身高男性增加 8 厘米、女性增加 6 厘米,增幅在 200 个国家和地区中分别位列第一和第三。这与中国人近 35年营养状况大大改善不无关系。

一位中国企业家说,让穷孩子每天能吃上二两肉,也许比修些大房子强。他的意思,是在强调为孩子提供好的物质营养来提升身体素养的重要性。其实,选择教育内容也是一样的道理,给孩子提供高营养价值的精神食粮,对提升孩子的综合素养特别是科学素养十分重要。

理科教材就如谷物,主要为我们的科学素养提供足够的糖类。科普作品好比蔬菜、水果和坚果,主要为我们的科学素养提供维生素、微量元素和矿物质。科学元典则是科学素养中的"肉类",主要为我们的科学素养提供蛋白质和脂肪。只有营养均衡的身体,才是健康的身体。因此,理科教材、科普作品和科学元典,三者缺一不可。

长期以来,我国的大学、中学和小学理科教育,不缺"谷物"和"蔬菜瓜果",缺的是富含脂肪和蛋白质的"肉类"。现在,到了需要补充"脂肪和蛋白质"的时候了。让我们引导青少年摒弃浮躁,潜下心来,从容地阅读和思考,将科学元典中蕴含的科学知识、科学思想、科学方法和科学精神融会贯通,养成科学的思维习惯和行为方式,从根本上提高科学素养。

我们坚信,改进我们的基础科学教育,引导学生熟读精思三类科学书籍,一定有助于培养科技强国的一代新人。

2020 年 11 月 30 日

北京玉泉路

目　录

下篇　学习资源

上　篇

阅读指导

Guide Readings

王克迪

中共中央党校　教授

牛顿的生平

《自然哲学之数学原理》写作背景

《自然哲学之数学原理》的体系、结构和特点

《自然哲学之数学原理》各部分内容讲了什么

巨人牛顿

牛顿(Isaac Newton)出生于 1642 年 12 月 25 日,那天是基督教的圣诞节,地点在英国的林肯郡伍尔索普镇。牛顿家境贫寒,父亲是个小农场主,在牛顿出生以前三个月就已经去世,那时他的生身父母结婚才半年多。牛顿 3 岁时母亲改嫁给一位牧师,是外祖母把他抚养大的。12 岁时他的继父又去世,他回到了母亲身边,发现自己多了三个同母异父的弟妹。牛顿的小学教育,主要是在外祖母家完成的。

牛顿在离家较远的格兰萨姆文科学校读中学,寄宿在一位药剂师的家中。在那里,他获得了极为宝贵的广泛阅读各类书籍,制作各种玩具,从事多种化学、物理实验的机会。

牛顿的童年没有得到父爱和母爱,这种不幸使小牛顿性格孤僻内向。他没有知心朋友,他的课余时间全都献给了如饥似渴的阅读和兴趣盎然的实验。但是他的学习成绩不好,一度还是班级里倒数第二的。直到有一次他与一个欺负他的同学打架并且赢得了那场本来实力悬殊的殴斗,使他萌发出强烈的上进心,天才的一面开始展现出来,成绩也有了飞跃。

牛顿中学毕业后以优异成绩被推荐到剑桥大学三一学院。他极其勤奋地读书、思考,他研究了大量古代和当代人的著作,特别是有关自然哲学、数学和光学方面的。不久他的指导教师就发现这个学生的学识已经超过了自己。1665 年和 1666 年间,英国鼠疫大流行,各大学师生被疏散,牛顿回到家乡。在这 18 个月里,牛顿度过了他一生中最富于创造力的阶段。

牛顿晚年回忆道:"1665 年年初,我发现了逼近级数法和把任意二项式的任意次幂化成这样一个级数的规则。同年 5 月,我发现格里高利(James Gregory,1638—1675)和司罗斯(R. F. de Slues,1622—1685)的切线方法。11 月,得到了直接流数法。次年 1 月,提出颜色理论。5 月里我开始学会反流数方法。同一年里,我开始想到引力延伸到月球轨道(还发现使小球紧贴着内表面在球形体内转动的力的计算方法),并且由开普勒定律,行星运动周期倍半正比于它们到其轨道中心距离,我推导出使行星维系于其轨道上的力,必定反比于它们到其环绕中心距离的平方。因而,对比保持月球在其轨道上的力与地球表面上的重力,我发现它们非常相似。所有这些都发生在1665—1666年的大鼠疫期间。那时,我正处于发明初期,比以后任何时期都更多地潜心于数学和哲学。"

1667年剑桥大学复课,牛顿当选为三一学院院士。两年后,牛顿接替著名的数学家巴罗(Isaac Barrow,1630—1677)任卢卡斯教席数学教授。1668年牛顿发明并制作出第一台反射望远镜,1671年他制作了第二台并赠送给英国皇家学会,不久当选为该学会会员。在科学研究中崭露头角的牛顿遭到胡克(Robert Hooke,1635—1702)等人的刁难,卷入旷日持久的关于光的本性的争论;约10年后牛顿与胡克之间又发生关于引力和运动学方面的争论;在《自然哲学之数学原理》(以下简称《原理》)写作期间(1686年)和出版后,牛顿与胡克又发生关于发现万有引力的优先权问题的争论;同时牛顿与德国人莱布尼兹（Wilhelm G. Leibnitz, 1646—1716）之间又发生关于微积分的发明权的争论。

1679年,牛顿与胡克的争吵十分激烈。胡克对牛顿关于引力的见解提出强烈质疑,这促使牛顿全面考察了开普勒（Johannes Kepler, 1571—1630）定律、伽利略（Galileo Galiei, 1564—1642）运动学公式与引力之间的关系。这一年,牛顿终于证明了引力的平方反比关系与行星椭圆轨道之间的对应关联。至此,牛顿的整个宇宙体系和力学理论的基本框架宣告完成。

牛顿在1684年才进入写作《原理》的准备阶段。这一年,哈雷（Edmond Halley, 1656—1743）、胡克和雷恩（Christopher Wren, 1632—1723）三人大约同时猜到引力的平方反比关系与行星的椭圆轨道之间有必然联系,但他们都无法证明这一点。哈雷来请教牛顿,牛顿表示他在几年前已经证明了这一点,但是原先的手稿找不到了,他可以给哈雷再证明一遍。牛顿重新写出了一篇《论轨道上物体的运动》,文中证明,天上与地上的物体服从完全同样的运动规律,引力的存在使得行星及其卫星必定沿椭圆轨道运动。

　　哈雷一眼看出这篇论文有划时代的价值,他敦促牛顿把它扩充为专著发表。于是在 1685 年和 1686 年两个年份的 18 个月里,牛顿专心致志地从事写作,《原理》这部伟大著作从牛顿的笔下源源不断地流淌出来。牛顿显然是有长期研究所取得的丰富成果作为基础,他写下的论述事无巨细,都经过深思熟虑。他的写作速度之快令人惊异,他写作时的专注忘我令人感佩。

　　值得一提的是,皇家学会虽然十分重视牛顿的《原理》,但却没有财力资助出版它,是哈雷自费出版了牛顿的这部著作。

　　《原理》的出版震动了整个英国乃至欧洲学界。牛顿一跃成为当时欧洲最负盛名的数学家、天文学家和自然哲学家。人们争相向他表示敬意,英国王室请他做客,欧洲公认的最伟大的几何学家惠更斯(Christiaan Huygens, 1629—1695)专程到英国拜访他,各国首脑和贵族访问英国时也要去看望他,以结识他为荣。1689 年,牛顿当选为国会议员;1696 年,牛顿获得造币局总监任命;1701 年,他再次当选国会议员;1703 年,当选为英国皇家学会会长;1705 年,受女王册封成为爵士。

《原理》第一版出版时牛顿 45 岁。他的后半生研究强度大大减小,1704 年他的另一重要著作《光学》出版,这本书是以英语写作的。1707 年,他出版了《数学通论》,这部著作没有引起广泛重视。在他生前,《原理》出版了三个版本,第二版在 1713 年,第三版在 1726 年。

牛顿的后半生主要从事的工作和活动有:

(1) 社会活动。他应付各类社会名流贤达的拜访,从事国家造币局的管理工作,管理皇家学会。

(2) 与胡克、弗拉姆斯蒂德(John Flamsteed,1646—1719)、莱布尼兹等人争论。

(3) 研究神学和《圣经》。

(4) 研究炼金术。

(5) 整理出版自己的著作和文稿。

牛顿终生未娶,1727 年 3 月 20 日逝世,英国王室为他在西敏寺大教堂举行了国葬。

《自然哲学之数学原理》写作背景

《自然哲学之数学原理》是牛顿一生中最重要的科学著作。

该书第一版成书于 1687 年,是牛顿经过 20 年的思考、实验研究、大量的天文观测和无数次数学演算的结晶。这 20 年以及这之前的几十年里,欧洲的许多先进思想家和科学家在研究自然和数学方面取得了许多成就。其中直接或间接影响牛顿的思想体系以及《原理》的主要有:

哥白尼(Nicholas Copernicus,1473—1543)提出了日心说。在哥白尼以前,欧洲占统治地位的宇宙学说是亚里士多德-托勒密(Aristotle-Ptolemy)地心说体系。地心说本来是许多种宇宙学说中的一种,与纪元前后人们的天文观测水平相适应,它认为地球处于宇宙的中心,行星和太阳、月亮围绕着地球旋转,宇宙的最外层是不动的恒星,上帝住在遥远的恒星天注视着人类活动的地球,主宰着整个宇宙。由于这一学说符合上帝创造世界和人的基督教教义,后来在政教合一的欧洲成为占统治地位的意识形态,长期禁锢欧洲的思想界达千年之久。它的影响所及,既包括人们对于世界的基本看法,也包括人们对于天文历法编制、普通物体运动,甚至人类的生老病死的具体看法、解释和态度,可谓无所不包。但是,到中世纪中后期,随着人们天文观测精度的提高和观测资料的大量积累,地心说越来越不能自圆其说,不能满足实际需要。例如编制历法,到中世纪后期,天文现象与历法之间的误差越来越大,不仅天象(如日食、月食)无法预报和解释,连季节变换和每年的元旦都定不准,误差竟达几个月。

波兰天文学家哥白尼对地心说体系发起了挑战,他用神学的语言和毕生天文观测的数据写成了《天体运行论》一书。他指出,更合理的宇宙结构应当是以太阳为宇宙中心,地球和其他行星绕太阳旋转,旋转的轨道是完美的圆形。但哥白尼预计到自己的学说会被当作宗教异端对待,他直到临死前才发表了这部著作。

哥白尼的著作和学说赢得了有独立思考能力的思想家和科学家的赏识。意大利哲学家布鲁诺(Giordano Bruno,1548—1600)到处宣传日心说,遭到教会的迫害,在备受酷刑摧残之后,他被烧死在火刑柱上。

意大利科学家伽利略(Galieo Galilei,1564—1642)也相信日心说。他进一步认为,自然的语言是数学,观察和研究自然要通过科学的实验,而要表达自然的运动规律,应当使用数学和实验数据。伽利略发明了折射望远镜,并且用望远镜发现了木星的卫星,伽利略认为木星的卫星围绕木星旋转充分说明了哥白尼原理的正确性。伽利略还发现了惯性原理,他用数学关系精确表达了运动物体的距离与时间的关系(如自由落体),他研究过单摆的运动,他还研究了力的合成及抛体运动。伽利略写下了两本著名的书:《关于托勒密和哥白尼两大世界体系的对话》和《关于两门新科学的对话》,集中表达了他的科学(主要是物理学和天文学)成就以及他对于宇宙和新的实验科学的看法。他被宗教法庭判为异端。他屈服了,写下了"悔过书",但他被押离法庭时还是喃喃自语:"但是地球毕竟是在动的!"伽利略死于1642年,之后,牛顿出生了。

从伽利略以后,新的实验科学获得了地位,数学语言取代哲学思辨语言用于表达自然的规律,成为时尚。但是宇宙体系问题还远远没有解决。哥白尼日心说简洁优美,但在天文计算中却十分繁杂,比起托勒密地心体系甚至有过之无不及。于是德国天文学家第谷(Tycho Brahe,1546—1601)提出了折中方案,认为太阳和月亮围绕地球旋转,行星围绕太阳旋转,但是这并没有使问题变得简单些。第谷的学生开普勒认识到需要做更加精密的天文观测,然后才有可能回答宇宙体系的问题。他一生孜孜不倦地观测天象,用大量数据总结出天体(行星)运动三定律,其核心是发现行星的运行轨道是椭圆,而不是哥白尼所说的正圆,太阳或地球位于椭圆的两个焦点之一。开普勒的行星运动定律是牛顿之前人类所取得的最高天文学成就。

与伽利略的实验科学传统略有不同的是法国哲学家和数学家笛卡儿(René du P. Descartes,1596—1650)。以今天的眼光看来,笛卡儿有些奇怪,他在数学上很有建树,对于代数学和几何学都有很大贡献,他发明了我们今天十分熟悉的坐标系以及把几何问题转化为代数问题的解析几何。马克思(Karl Marx,1818—1883)评价笛卡儿,说从他开始,运动被引入了几何学。在哲学世界观上,笛卡儿坚持用自然的原因来解释自然,但是他在认识论上却又是个不可知论者,他的名言是"我思故我在"。

　　笛卡儿的哲学学说有极大影响,从他年轻时直到死后统治整个欧洲长达一个世纪。这影响波及科学领域,特别是天文学和物理学。在物理学上,笛卡儿及其追随者强调有某种特殊的物质"以太"(牛顿所说的"隐秘的质"),它们充满空间,因为"自然厌恶真空",以太传递物体之间的相互作用,使物体的运动得以持续。"以太"是一种想象中的物质存在,一种纯思辨的产物,它排除了物质世界里和物体运动关系中神的作用,但为探究自然规律设置了新的障碍。

　　困难在于以太既无法测量,又难以想象。笛卡儿学说的最大成就和最大失败都集中体现在它的宇宙论中。它承认日心说体系。因为它必须否认真空的存在,他设想宇宙中充满以太,太阳的转动在以太中形成宇宙涡旋,涡旋运动带动各个行星运动,从而有我们所见到的天象奇观。这一解释从哲学思辨上来说,其成功是前所未有的,它首次提出了一个不诉诸神力的宇宙动力学模型,很有想象力,满足了人们解释天象的思辨需要。

但是,笛卡儿学派的涡旋说在具体的天文现象的解释上却遭遇到重重困难。例如,地球和各行星的自转,这要求在整个宇宙的大涡旋中有局部的方向和速度都不相同的小涡旋,而且因为各个行星围绕太阳的公转速度不同,大涡旋到太阳距离不同的部分的旋转速度也不相同,这很难与人们的日常经验相符;更糟的是,某些行星,如火星,有时会出现天文学中常见的"逆行"现象,似乎宇宙大涡旋中的某些层次有时会随心所欲地发生"逆转",这对于以自然解释自然的信条构成了严重障碍。还有,涡旋说无法说明行星发光现象,只能暗示天体实际上是某种与地面物体很不相同的"精英"物质,这就又请回了亚里士多德(Aristotle,前384—前322)的宇宙论。最后,涡旋说对于具体的天文现象的解释与实际观测数据相矛盾,在《原理》第二编的末尾,牛顿指出涡旋的速度与它到涡旋中心的距离成正比,然而天文观测数据表明行星的速度与它到太阳距离的$\frac{3}{2}$次幂成反比,这对涡旋说来说是致命的。

笛卡儿宇宙体系是牛顿出世时面对的最大的宇宙体系,英国和整个欧洲大陆的大学都讲授它,以它为标准的宇宙学说。牛顿在伦敦大鼠疫时期就已经看出笛卡儿体系的问题。摧毁这一体系,成为牛顿研究生涯的首要直接目标。而要建立起一个全新的体系,则要经过长达20年的思考和研究,直到完成《原理》的写作。

牛顿在思想上还受到英国的思想家培根(Francis Bacon,1561—1626)、洛克(John Locke,1632—1704)和摩尔(Henry More,1614—1687)等人的影响,他们都强调经验论的作用。在科学思想和神学思想上,牛顿又受到同时代的英国化学家波义耳(Robert Boyle,1627—1691)的影响,认为每一个哲学家的最崇高的职责是认识并证明上帝的存在和完美,自然界是上帝创造的,它只是上帝的神性的外在形式,它可以为人类所认识和想象,人类只能通过自然哲学去研究自然,才能最终认识上帝。在此意义上,牛顿毕生所从事的各种研究,包括数学、物理学、天文学、炼金术、圣经考古学和圣经年代学以及神学等,都是服务于他心目中的上帝的。

此外,当牛顿进入学术研究时,与他同时代的一些科学家也做出了一些重要的工作,如荷兰物理学家和天文学家惠更斯发明了发条钟和摆钟,这为准确的科学计时准备了条件;荷兰工程师贝克曼(Isaac Beeckman,1588—1677)提出一切运动都要找出其力学原因的思想,为机械唯物主义做好了铺垫;地理大发现已经过去了一个多世纪,欧洲人早已有能力在地图上画满经度和纬度线,以准确定位地球上的每一点。

牛顿的《原理》正是在这样的背景下写作出来的。

《自然哲学之数学原理》的
体系、结构和特点

牛顿并没有声称自己要构造一个体系。牛顿在《原理》第一版的序言一开始就指出,他要"致力于发展与哲学相关的数学",这本书是几何学与力学的结合,是一种"理性的力学",一种"精确地提出问题并加以演示的科学,旨在研究某种力所产生的运动以及某种运动所需要的力"。他的任务是"由运动现象去研究自然力,再由这些力去推演其他运动现象"。

然而牛顿实际上构建了一个人类有史以来最为宏伟的体系。他所说的力,主要是重力(我们今天称之为引力,或万有引力)以及由重力所派生出来的摩擦力、阻力和海洋的潮汐力等,而运动则包括落体、抛体、球体滚动、单摆与复摆、流体、行星自转与公转、回归点、轨道章动等,简而言之,包括当时已知的一切运动形式和现象。也就是说,牛顿是要用统一的力学原因去解释从地面物体到天体的所有运动和现象。

在结构上,《原理》是一种标准的公理化体系。它从最基本的定义和公理出发,"在第一编和第二编中推导出若干普适命题"。

第一编题为"物体的运动",把各种运动的形式加以分类,详细考察每一种运动形式与力的关系,为全书的讨论做了数学工具上的准备。

第二编讨论"物体(在阻滞介质中)的运动",进一步考察了各种形式的阻力对于运动的影响,讨论地面上各种实际存在的力与运动的情况。牛顿在第三编中"示范了把它们应用于宇宙体系,用前两编中数学证明的命题通过天文现象推演出使物体倾向于太阳和行星的重力,再运用其他数学命题由这些力推算出行星、彗星、月球和海洋的运动"。

在全书(我们选用的这个第三版)的最后,牛顿写下了一段著名的"总释",集中表述了牛顿对于宇宙间万事万物的运动的根本原因——万有引力——以及我们的宇宙为什么是一个这样优美的体系的总原因的看法,集中表达了他对于上帝的存在和本质的见解。

在写作手法上,牛顿是个十分专注的人,他在搭建自己的体系时,虽然仿照欧几里得(Euclid,约前330—前275)的《几何原本》,但从没有忘记自己的使命是解释自然现象和运动的原因,没有把自己迷失在纯粹形式化的推理中。他是极为出色的数学家,在数学上有一系列一流的发明,但他严格地把数学当作工具,只是在有需要时才带领读者稍微做一点数学上的远足。另一方面,牛顿也丝毫没有沉醉于纯粹的哲学思辨。《原理》中所有的命题都来自现实世界,或是数学的,或是天文学的,或是物理学的,即牛顿所理解的自然哲学的。《原理》中全部的论述都以命题形式给出,每一个命题都给出证明或求解,所有的求证求解都是完全数学化的,必要时附加推论,而每一个推论又都有证明或求解。只是在牛顿认为某个问题在哲学上有特殊意义时,他才加上一个附注,对问题加以解释或进一步推广。

大多数读者在阅读《原理》时感到困惑和困难的是牛顿的对于命题的解决方式。首先,牛顿大量使用作图,采用几何学的证明方法;其次,牛顿大量运用比例关系式,这一点令读者感到繁杂,但这正是牛顿论证的有力之处。它在思想上符合牛顿的可测度空间和时间以及重量等物理概念只是相对性的见解,运算中回避了拘泥于单位制的麻烦并且使牛顿极为方便地引入了他发明的极大极小比方法。此外,我们应当理解到,在牛顿写作《原理》时,用来解决物体运动的动力学问题的有力工具微积分(牛顿称为流数法)还处于发明的初期,远远没有成熟到今天的样子,而牛顿本人正是这种技术的主要发明人之一。有证据表明,书中的许多论述,牛顿是通过自己发明的流数法或反流数法得到的,但在写作《原理》时,牛顿换成了当时人们较为熟悉的几何作图与代数运算相结合的形式。实际上,《原理》发表后,许多读者根本读不懂,以至于有人认为牛顿写了一本"连他自己也看不懂的书",牛顿那令人眼花缭乱的数学技巧使许多当时一流的数学家也感到非常吃力。

《原理》中使用的数学、物理学和天文学概念术语非常多,其中有许多与我们今天常见的相同,但也有许多不同,还有一些今天已很少使用。这一点需要读者注意。

《自然哲学之数学原理》讲了什么

一、"定义""运动的公理或定律"导读

牛顿的《原理》大致上仿照古希腊欧几里得的《几何原本》来布局。全书是一种逻辑体系,从基本的定义开始,再给出几条推理规则(运动定律),经过一系列的推理和演算,得到一些普适的结论,再把这些结论应用到实际中与实验或观测数据相对照。

《原理》一开始就是"定义"和"运动的公理或定律"。其中"定义"部分共有 8 条,在随后的附注中又补充了 4 对十分重要的定义。

第一个定义是"物质的量",也就是我们今天所说的"质量"。在当代物理学中,质量是一个最基本的物理概念,但在牛顿时代,这一点还没有得到公认,也没有国际公认的质量标准和统一单位制,因此牛顿利用物体的密

度和体积来决定物质的量。这与我们今天的做法正好相反,我们是用质量和体积来定义密度。不了解历史背景的人会以为牛顿是在搞循环论证,实际情况是,牛顿发现一切物体在运动中都有某种共同的不变的东西,不管物体怎样运动,受到怎样的力,它的体积与密度的乘积都是保持不变的,这就是物质的量,研究物体的运动时,必须考虑到它。

第二个定义是"运动的量",即质量与速度的乘积,也就是我们今天熟知的动量。

第三个定义是物体的惯性,表述物体保持其已有运动的大小和方向的本领(当物体不受其他外力作用时)。伽利略已经知道物体的惯性。今天我们知道,物体的质量越大,惯性越大。

随后牛顿定义了外力、向心力及其度量,然后是向心加速度和向心运动量的定义。这些与我们今天物理教科书的定义大致相同,只是我们较多地谈论向心力和向心加速度,其他概念则较少用到。

这些概念总的来说是我们今天所熟知的,但在当时,正如牛顿所指出的,是"鲜为人知的术语"。

　　引起后世广泛讨论的是牛顿在附注中所作的 4 对补充定义,即绝对时间和相对时间、绝对空间和相对空间、绝对处所和相对处所以及绝对运动和相对运动等 4 对范畴,其中后两对是派生概念,而前两对十分重要。绝对时间和绝对空间是牛顿力学的基本框架和标志性概念,由此引申出后来的宇宙在时间和空间上的无限概念。牛顿用了较大篇幅解释他的时间和空间概念,但读者可能会认识到,牛顿的绝对时间和空间并不是绝对必要的,至少在他的《原理》讨论所及不是必要的,这一对范畴为牛顿力学所提供的框架远较其所必要的来得充分。的确如此。其实牛顿自己也承认,绝对的时间和空间实际上是无法测度或被认识的,我们能确知的只是相对的时间和空间,它们才是在运算上有意义的。

　　那么怎样理解牛顿的绝对时间和空间呢? 牛顿写作《原理》,有两大基本任务,一是建构自己的体系,另一是批驳笛卡儿学派的体系。绝对时间和空间概念虽然对于牛顿自己的计算并不是必要的,但对于预防对手的攻击却是必要的。在牛顿的体系中,巨大的宇宙空间里行星及其卫星各自在自己的轨道上运行,秩序井然又常运不已,这体系是上帝的创造,但上帝在创造它以后却不再进行干预。

按照牛顿的力学,如果时间不是绝对的,则必然要顾虑到时间起点和终点问题;而要使得这一体系永远维持其稳定,空间又必须是真正的空,而且在尺度上也必须足够大,它必须没有边缘,否则牛顿必须回答自己无法解答的空间的起点问题。牛顿把一切绝对的、无限的性质归结于上帝(我们将在《原理》最后的"总释"中见到有关论述),这是由其基本宗教信念决定的。绝对时间和空间范畴的引入,既很好地体现了牛顿的神学见解,又有效地回避了对手的诘难。

长期以来,很多学者,主要是哲学家,对牛顿的绝对时间和绝对空间概念进行了经久不息的讨论,并且因此给牛顿戴上或是"唯心"或是"唯物"之类的帽子。这些争论在科学上毫无意义可言,而且硬要给300多年前的历史人物贴上某种标签的做法,是一种肤浅幼稚的举动。例如,牛顿的绝对时空观,说它是唯心主义的,因为它没有把上帝彻底排除出局,把宇宙的第一次推动留给了上帝。那么,我们要问,如果牛顿不是使用绝对时空概念,他将把他的有限宇宙中的主宰者放在什么地方呢? 他的绝对时空概念是不是使得上帝离人间更遥远一些了呢? 实际上,正是牛顿的绝对时空观使得后来的唯物主义的无限宇宙论得到科学上的依据,它在很长一段时间里统治着我们的哲学和思想领域,然而,现代科学已经证明,它才是根本站不住脚的,我们的宇宙,的确在时间上是有起点的,其空间也是有限的。

还有一种见解认为牛顿的绝对时空观是形而上学的,说他看问题太绝对化了。但是,既然牛顿用这样的思维方式如此有效地建构了宏伟的宇宙体系,使得世人沿用它长达 300 多年之久,我们还能要求牛顿什么呢? 还有哪一种方法能给我们带来更多的关于世界的真正的知识呢?

牛顿在试图区分绝对运动和相对运动时,提出了一个历史上极为著名的"水桶实验"。300 多年来,几乎所有的大物理学家和哲学家都对这个实验发表过见解,有人辩驳,有人维护。对此,我们不多加评论,请读者自己思考。

总之,牛顿写下的定义,是过去 300 多年来所有大科学家、哲学家、思想家们寻找灵感的地方,值得认真研读、思考。

紧接着"定义"部分,就是"运动的公理或定律"。在这里,牛顿给出了中学生倒背如流的极为著名的"力学三定律"。我们看到,牛顿对力学三定律的叙述与我们今天的表述几乎完全一样,反映出牛顿对有关问题的思考极为成熟,经得起时间的长期考验。

随后牛顿就三定律做出了 6 条推论,讨论了力的分解与合成,以及由此而产生的运动的分解与合成。其中值得注意的是牛顿关于多个物体的公共重心所作的讨论。牛顿的公共重心相当于我们今天所说的质量中心。这一概念的使用,在以后讨论天体的运动时有着重要意义,也反映出牛顿从复杂现象中抽象出简单的有代表性的现象的能力。

"第一编"导读

第一编共有 14 章内容。

首先,读者应能注意到,牛顿在专门引入数学工具时,使用的是"引理",而在论述本书正题时,使用的是"命题"。引理与命题都在必要的时候加入推论和附注。

牛顿在第 1 章首先引入极限概念、求极限的方法,引入无穷小概念和求曲线包围的面积以及求曲线的切线的方法。这一章中的 11 条引理是牛顿能够成就《原理》所依赖的最重要的数学手段之一,几乎全是牛顿自己的发明。牛顿在该章的附注中指出,"这些引理意在避免古代几何学家采用的自相矛盾的冗长推导"。其中的引理 2、3 和 11 正是牛顿运用著名的牛顿流数法的例证。牛顿是这样来为自己的无穷小概念辩护的:

> "可能会有人反对,认为不存在将趋于零的量的最后比值,因为在量消失之前,比率总不是最后的,而在它们消失之时,比率也没有了。但根据同样的理由,我们也可以说物体达到某一处所并在那里停止,也没有最后速度,在它到达前,速度不是最后速度,而在它到达时,速度没有了。回答很简单,最后速度意味着物体以该速度运动着,既不是在它到达其最后处所并终止运动之前,也不是在其后,

而是在它到达的一瞬间。"

第 2 章论述根据物体的运动轨迹(轨道)来求该物体所受到的向心力。这里,牛顿做出的是最一般化的讨论,曲线的形状包括正圆、椭圆、双曲线、螺旋线、抛物线等,物体到指定向心力中心的力与距离的关系则又有多种情况。其中命题 4 的推论 6 适用于天体运行的情况:"如果周期正比于半径的 $\frac{3}{2}$ 次幂,则向心力反比于半径的平方;反之亦然。"这一关系,是牛顿宇宙论最核心的基石。

在随后的第 3、第 4 和第 5 章中,牛顿进一步详尽考察了物体沿圆锥曲线运动时的有关问题,包括向心力的规律(反比于距离的平方)、确定曲线形状等。命题第 22—29 讨论几种由已知条件(点、线或某些区域)画出圆锥曲线,在当时的天体力学乃至当今的天文学中都有重要意义。

第 6 和第 7 两章是求解已知轨道上物体的运动,相当于我们熟知的由已知方程求解。其中第 7 章是"物体的直线上升或下降",把伽利略的自由落体运动定律推广到最一般的情形。

由前面几章的铺垫,牛顿就可以在随后的几章里运用力和运动的合成与分解方法,讨论抛体运动、摆体运动和物体沿轨道运动时的回归点运动,以及其他受两种以上力的物体的运动。

第 11 章"受向心力作用物体的相互吸引运动"是整个第一编的高潮,其中的命题 66 是整部《原理》中最长的一个,它讨论了 3 个相互间都有吸引力作用的物体的复杂的相互运动关系,推论多达 22 个,几乎讨论了地面物体的运动、各种天体的运动、天体轨道的运动、潮汐运动等所有形式,差不多可以认为它就是一部浓缩的《原理》。但是,这一命题所讨论的还不是严格的三体问题,对三体问题的正式讨论出现在第三编的命题 22。

第 12 章中再次出现了极为重要的内容。这一章的标题是"球体的吸引力"。在命题 76 的推论 3 和推论 4 中,我们看到了今天尽人皆知的万有引力定律的文字表述。这一定律还将在随后的论述中多次出现,全书最后的"总释"中也以更加标准的形式加以表述。需要指出的是,我们今天谈到牛顿的丰功伟绩时,首先会谈到他的万有引力定律,其次才是他的力学三定律。《原理》的读者可能很容易在书中发现他的力学三定律,但找不到万有引力定律,原因是牛顿并没有把这一定律像我们今天这样把它突出出来。但是,这并不意味着牛顿本人不认为万有引力定律有普适意义,而是在牛顿那里,万有引力的大小、方向等规律必须是推导出来的结果,而不是当作经验性的普适原理直接引入的。

在随后的第 13 章,牛顿把由典型的球形物体得出的引力规律进一步推广到一般的非球形物体。

第一编的最后一章也是值得注意并且十分有趣的。牛顿讨论"受指向极大物体各部分的向心力推动的极小物体的运动"。在这里,极大物体指的实际上是具有平行平面的光学介质,而极小物体指的是光线。牛顿认为,光的本性是极其微小的颗粒,这些微小颗粒受力学规律的支配。这就是在历史上一度产生巨大影响的关于光的本性的"微粒说",牛顿是这一学说的鼻祖。与牛顿同时代的荷兰物理学家惠更斯提出关于光的本性的"波动说",曾在《原理》发表以前得到普遍认同,但后来由于牛顿和《原理》的巨大影响,微粒说压倒了波动说,直到 19 世纪托马斯·杨(Thomas Young,1773—1829)的光的干涉实验得到波动说的圆满解释后,波动说才又重新抬头。有趣的是,到 20 世纪初量子论提出来后,光的微粒说又得到复活。现在的通行观点是光以及所有的粒子都有微观粒子所特有的"波粒二象性"。在《原理》中,牛顿把光看作是粒子,在考虑了介质的吸引或排斥作用后,推导出了光的折射定律。牛顿还进一步考察了光在经过介质后所产生的像差,指出运用折射原理的任何光学仪器都不可能产生出完美的像。

《原理》的第一编篇幅巨大,它具备了牛顿力学的全部主要内容,包括基本定义、力学三定律和万有引力定律、求极限和无穷小数学手段、物体的各种运动形式、物体的各种受力情况、各种运动轨道与受力的关系,甚至还涉及光的传播、海洋潮汐运动,等等。正如有的学者所评论的,即使《原理》没有完整出版,仅仅凭着这第一编,就足以使牛顿成为有史以来最伟大的人物之一。

"第二编"导读

尽管牛顿本人认为《原理》的第二编也和第一编一

样是推导"若干普适命题的",但是今天的人们还是倾向于认为这个第二编主要是属于第一编的应用部分。牛顿给它的标题与第一编几乎相同,叫作"物体(在阻滞介质中)的运动",其括号中的限定语说明第二编所讨论的主要是地面物体的实际运动情况。这一部分中虽然没有第一编中那么多君临天下的大规则、大定义,但却也推导出许多重要的具体结论,读起来常常令人顿生"原来如此"的感慨。

本编的导读,我们不再逐章逐节地介绍,而是换一种方式,把值得特别指出的成果进行罗列。

第一,值得指出的是牛顿在引理 2 中介绍了他发明的求微分或导数的方法,即牛顿流数法。牛顿说,一个变化的量,其增大或减少的速率,他称之为"瞬","是一种普适方法的特例或更是一种推论,它不仅可以毫不困难地推广到求作无论是几何的还是力学的曲线的切线,或与直线及其他曲线有关的方法中,还可用于解决有关曲率、面积、长度、曲线的重心等困难的问题"。显然,这一方法正着用是求导数,反着用就是求积分。牛顿分 6 种情形详细介绍了求导数的方法,还做出了 3 项推论。

我们已经知道,牛顿早在伦敦大鼠疫时期就发明了这种方法,这是他一生中最为杰出的发明之一。

第二,牛顿演示了在求解极为复杂的问题时,可以采用近似求解的方法。在命题10中,牛顿具体演示了求解抛体在阻滞介质(空气)中的运动时,用双曲线来近似替代更为复杂的抛物线的方法求解。他甚至还就这种方法给出了8条规则。实际上,直到今天,科学家们拥有功能强大的运算工具电子计算机,在求解大量的科学、技术和工程问题时还是必须大量采用近似求解的方法。难能可贵的是,牛顿的演示表明,近似的方法,在大大简化求解难度的同时,又不会过度失去严格性,这正是现代科学的精妙所在。

第三,牛顿通过严格的数学推导和大量的实验数据演示了怎样通过在介质(如水、空气)中的摆体的运动来求出介质的阻力(见第6章,命题24—31)。在这中间,牛顿甚至还教给人们怎样处理数据的误差,消除不合理的实验数据。在第6章的总注的最后,牛顿还设计了一个摆体实验,用于检测以太的存在。牛顿的结论是以太不存在。顺便指出,在现代物理化学实验中,许多物体的特性(特别是力学特性)仍然是运用形形色色的摆体实验来测定的,当然,实验装置比牛顿的要复杂,但基本原理并无大的不同。

第四,在第8章,牛顿通过设想流体由流体粒子所组成,推导出波动的小孔扩散效应。这一效应被运用到推算声音的传播速度,牛顿得到的数据(包括做了些修正)是一秒钟行进约979英尺,经过一系列修正后达到1142英尺[①],与他的实测数据完全吻合。这一数据与当代的实验数据有较大出入,但牛顿正确地估计到了空气的压力、湿度等因素对于音速有较大影响。

第五,在这一编的最后部分(第9章),牛顿精心安排了"求解流体的圆运动"内容。牛顿在这不长但却令人瞩目的一章中,只安排了3个命题(51—53),分别讨论无限长柱体、球体在均匀介质中旋转时传递给介质的运动,以及涡旋自身的运动规律。其中命题52十分重要,它有3种情形、11条推论和1个附注。牛顿推导出,像太阳那样的球体旋转所带动的宇宙涡旋(如果有这种

① 1英尺=0.3048米。——编辑注

东西的话)运动,各部分的速度与它到涡旋中心的距离是成正比的,然而天文观测事实是,行星的速度与它们到太阳的距离的 $\frac{3}{2}$ 次幂成正比,各卫星与行星的关系也是如此。牛顿挖苦说,"还是让哲学家们去考虑怎样由涡旋来说明 $\frac{3}{2}$ 次幂的现象吧"。牛顿经常以"哲学家"来称呼他的论敌,这一个命题及其推论是对笛卡儿及其学派涡旋说的最直接最沉重的打击。

牛顿摧毁了一个旧的世界,以下就要建立起自己的新世界了。

"第三编"导读

牛顿曾为《原理》写过两个第三编,一个是我们现在看到的,题为"宇宙体系(使用数学的论述)",另一个题为"宇宙体系",是一个非数学的通俗写法。牛顿把使用数学论述的宇宙体系收入正式出版的《原理》作为第三编。在第三编开头的引言中,牛顿指出,只要读者仔细阅读过本书前面的定义、运动定律和第一编的前 3 章,就可以直接阅读第三编，而在遇到引述的命题时，再回到前面查阅。

第三编是《原理》中最为辉煌的篇章。它气势磅礴，美轮美奂。在这一章中，牛顿详细地描绘了他的宇宙体系，太阳与各行星、各行星与它们的卫星之间的相互关系，以及彗星的运动和地球上海洋的潮汐运动。牛顿以万有引力作为所有这些现象的动力学原因，可以说是有史以来人类所能对宇宙做出的最大的立法。牛顿的宇宙，结构简单明快，不留丝毫的神秘和含糊，这种结构的运行机制是如此的简单、如此的强有力、如此的稳定、如此的井井有条，实在是令人叹服。

在这一编的写作安排上，牛顿取消了章的设置，直接由一个个命题展开论述，重要的命题安排附注加以解释或总结。

这一编开头，牛顿先写下了 4 条"哲学中的推理规则"，它们实际上就是自然哲学即我们今天所说的科学研究的基本推理规则，值得每一个有志于研究问题的人默记在心。

然后牛顿罗列了 6 种天文现象，分别描述木星及其卫星系统、土星及其卫星系统、太阳与 5 大行星系统(当时人们只发现了太阳系的 5 大行星)和地球与月球的运行关系,实际上是复述了开普勒的行星运动三定律。需要特别注意的是,整个第三编涉及大量天文学术语以及许多地理学和历史学知识,阅读起来有一定的难度,要求读者有较宽的知识面。

运用上述推理规则、前文的推导结果,牛顿就正式开始对上述现象给出解释,展开他那壮美的宇宙画卷。

命题 1—17,牛顿逐一论述了木星系统、太阳系、地—月系统、土星系统等的运动情形和轨道变化。在这期间,我们会多次看到万有引力定律的表述,特别是其中的命题 8。还有一个令人惊异之处,牛顿仅仅凭着观测到的行星运行数据和引力定律,就推算出各个行星的物质的密度,进而推算出那里引力的强弱和物体重量情况,让人大开眼界。

命题 18、命题 19 和命题 20 更进一步推算出地球的形状和物体重量随地理位置的变化。牛顿指出,地球的自转使得其两极处较之赤道处更加扁平。这是一个可以直接验证的科学预言。如果按照笛卡儿学派的观点,地球的形状正好与牛顿的预言相反,是两极处高于赤道处。这正好是两种宇宙体系在同一个具体问题上尖锐冲突的地方。后来欧洲国家特别是法国多次派出远征考察队到全球各地实地测量地球数据,得到的结论无一不支持牛顿,而与笛卡儿的相左。历史事实是,正是由于牛顿预言的地球形状得到确认,才使得欧洲人、特别是民族自豪感极为强烈的法国人最终抛弃笛卡儿学说,转而接受牛顿体系。

从命题22到命题39,牛顿对月球运动的不规则现象进行讨论。现代天文知识告诉我们,由于日、地、月三者之间的相互影响,月球的运动十分复杂,处理起来十分棘手。牛顿正确地判断出这三者的关系对于月球运动的不规则性有重要影响。命题22被认为是历史上第一次正式提出三体问题,这样的问题至今还是没有精确解的。

一般认为,牛顿的月球理论问题最多,致使《原理》乃至整个牛顿学说备受当时论敌诟病。这是实情。然而牛顿的月球理论的问题主要是具体数据的问题,不是思路和方法上的问题,更不表明牛顿的力学理论和宇宙理论是错误的。我们知道,牛顿早在 1665—1666 年间就已经形成了他的力学和宇宙体系的基本看法,并且做出了大部分的理论计算和推导,但他迟至 20 年后才发表了所有这一切,有一种解释就是牛顿一直认为有关的天文观测数据特别是月球的观测数据与他的理论有较大出入,迫使他搁置自己的发明,也促使他积极投身于天文观测工作。这种见解至少是部分合理的。

当然,牛顿推迟发表《原理》的原因,主要并不是因为要等待观测数据,而是因为他一直无法在数学上建立起平方反比与行星椭圆轨道之间的对应关系。牛顿是在 1679 年才解决了有关的问题。但是,限于当时的天文观测工具水平,牛顿以及当时所有的天文学家都不可能得到高精度的观测数据,因此月球理论与实际情况之间的误差是不可避免的。

这一部分的论述,虽然有关月球的部分误差较大,但关于海洋潮汐运动和地面物体在不同纬度有重量变化的推导和论述却是高度可靠的。牛顿用统一的理论解释了地球形状与地面物体随纬度变化现象,所依据的关键性证据是在地球各不同地点的摆体的周期变化。

这再好不过地证明了他的引力理论和把地球重量集中于地心的抽象假设的合理性,真是意料之外,情理之中。

海洋潮汐运动理论是牛顿的引力理论与流体力学的综合运用。牛顿收集的海洋数据来自全球各地,牛顿极为雄辩地指出,月球运动是潮汐的根本原因,太阳也对潮汐有影响,但与月球相比只有 $\frac{1}{5}$ 左右。月球驱动海洋的力量只有地球上重力的二百万分之一,这样小的力在任何力学研究中都绝对是微不足道的,但对于浩瀚的海洋,它足以引起波涛汹涌的大潮。相信每一位读者读到这里,都会掩卷叹服,拍案叫绝。

与此同时,牛顿还顺带着推导出太阳、地球和月球的密度、形状和体积以及地球与月球的距离等。这些在当时都是唯有牛顿的理论才能推算出来的数据。

在谈论完月球与海洋之后,牛顿写到了整部《原理》中最精彩夺目的部分:彗星理论。

彗星是人类记录到的最古老的天文现象之一,各民族(包括中国)的史料中都有记载,但都认为彗星的出现是灾祸的征象,它居无定所,来去匆匆。牛顿受到其他天文学家的启发,运用来自全球各地的大量观测数据、他本人的观测数据,甚至还运用了大量的古代文献记载,证明彗星是与行星十分类似的天体,以偏心率极大的椭圆轨道围绕太阳运行,其近日点可以潜入水星轨道以内,远日点则达到遥远的宇宙深处,其环绕周期可能长达数百年,甚至更多。

这一部分的命题只有 3 个:命题 40、命题 41 和命题 42,但牛顿为了计算彗星的轨道,引用了多达 8 个引理。其中命题 40 之后的引理 5 有重要意义,它就是十分著名的牛顿内插公式。

牛顿十分幸运,他亲身经历了 1665 年、1680 年、1683 年和 1723 年出现的几次彗星的观测,这使他有可能用丰富的数据资料反复验证自己的理论。

牛顿指出,根据哈雷博士的研究,1680 年出现的彗星绕太阳运行周期是 575 年。牛顿沿着史料记载一直追溯到公元前 44 年,那一年恺撒(Julius Caesar,前 100—前 44)大帝被刺杀。随后它在 531 年、1106 年和 1680 年出现,每一次都带来极为壮观的彗星景观,其彗尾在天空中跨越几十度,能照亮夜空。由于它周期极长，因而当它处于近日点时到太阳的距离还不足太阳直径的 $\frac{1}{6}$。

牛顿还指出，1682 年出现的彗星，经过哈雷的计算，与 1607 年的彗星的轨道应当是相同的，即它们是同一颗彗星，其周期为 75 年。今天我们知道，这颗彗星的确在 1758 年、1834 年、1910 年、1986 年回到地球，周期为 76 年，它就是著名的哈雷彗星。

除了推算出彗星的轨道和周期，牛顿还以与现代天文学极为吻合的方式解释了彗尾现象：彗星在近日点受到太阳加热，放射出气体物质，气体物质又受到阳光的照射而反光。牛顿甚至还估计了彗尾的稀薄程度。

还有，牛顿进一步大胆设想，新星和超新星的出现与彗星有关，彗星在环绕运动的末期被恒星俘获落入恒星放出巨大能量。但这一推测是错误的。此外，在牛顿撰写的"宇宙体系"（使用非数学的论述）中，还提到太阳系外层行星（土星）的远日点有前移现象，牛顿认为，"这可能是由于在行星区域以外有彗星沿极为偏心的轨道运行，很快地掠过它们的近日点，并在其远日点处运动极慢,在行星以外区域度过其几乎全部的运行时间"。这一思想的实质是,在内层轨道上的行星运动的不规则性,可能是由外层行星的摄动引起的。有论者指出,牛顿在这里实际上预言了天王星的存在。天王星于1781年被发现。而海王星的发现,也是由于人们观测到天王星轨道的摄动。这一例子说明牛顿理论的强大预言能力。

这样,天空中最困扰人类的彗星现象终于被纳入牛顿的宇宙体系,得到了最有说服力的合理解释。至此,牛顿也就在令读者沉醉于凝视彗星景观与繁星密布的苍穹中结束了《原理》。

"总释"导读

在《原理》的第一版中,牛顿没有安排这一部分内容,于是受到宗教界和神学界的强有力的批评。批评者主要指责的是牛顿的体系中没有上帝的位置,《原理》(第一版)甚至通篇没有提及上帝。其中贝克莱大主教(Bishop Berkeley,1685—1753)和莱布尼兹的批评很有分量,他们都有充分资格与牛顿对话。贝克莱大主教认为牛顿的绝对时空观排除了上帝的存在的可能性,因而属于无神论。贝克莱甚至还仔细推敲了牛顿的流数法、无穷小和极限概念及理论,指出了它们在数学上没有足够的理论基础,甚至是荒谬的。牛顿生前总算在与莱布尼兹的优先权争执中取得胜利,但对贝克莱的批评却无法做出解答。实际上,微积分的基础极限论要到19世纪才发展完备,其复杂和抽象程度远不是牛顿时代的人们能够想象的。

莱布尼兹则认为万有引力是一种说不清道不明的"隐秘的质",连上帝也说不清。在这篇"总释"里,牛顿回应了莱布尼兹的指责,但语气上比较含糊。而他的学生科茨(Roger Cotes,1682—1716)在为《原理》第二版所作的序言中对莱布尼兹做出了猛烈回击。人们公认,科茨为《原理》写的这篇序言是得到了牛顿充分认可的,是一篇完整阐述牛顿自然哲学思想的檄文。

但是牛顿必须澄清自己的神学见解。在他那个时代,对于有教养的人和有社会地位的人来说,不信神或者无神论者是一个可怕的罪名。牛顿当然不愿戴上这顶帽子,更何况牛顿本来笃信上帝,自幼就有着极为深沉的宗教情感,坚信自己所做的一切都是服务于证明上帝的存在和解释上帝的创造物的庄严、伟大和秩序。近年研究牛顿的学者发现,牛顿青年和中年时代,大约是有志于成为一个集大成的神学家,自然哲学、数学只是他向着这个方向努力的一个方面而已。我们甚至不妨这么来看问题:对于牛顿来说,《原理》和他的伟大宇宙体系,只是他的神学研究总体计划中的一个局部的或阶段性的成果。

由此也就容易理解为什么《原理》和《光学》发表后,牛顿又那样专注地沉迷于神学研究,并写下页数十倍于自然哲学手稿的神学手稿。因此在《原理》第二版发表时,牛顿加写了这段总释,集中表述了他的上帝观和上帝与他的宇宙体系之间的关系。

据学者们研究比较,牛顿的这段总释到《原理》发表第三版时又做了一些字句上的改动,就是我们现在所见到的。

“总释”并不长,大约只有 4000 余字。

一开头,牛顿简单复述了涡旋说的困境:无法解释

行星周期与 $\frac{3}{2}$ 次幂的关系,无法解释彗星的现象;随后,牛顿重申了宇宙空间的真空特性。然后他指出,天体维系在其轨道上的原因似乎不大可能仅仅是由于万有引力规律的存在,"它们绝不可能从一开始就由这些规律中自行获得其规则的轨道位置"。这里就为日后人们反复提起的"第一推动"留下了伏笔。

牛顿进一步描述了他发现的(也就是上帝所创造的)宇宙体系:

> "六个行星在围绕太阳的同心圆上转动,运转方向相同,而且几乎在同一个平面上。有十个卫星分别在围绕地球、木星和土星的同心圆上运动,运动平面也大致在这些行星的运动平面上……彗星的行程沿着极为偏心的轨道跨越整个天空的所有部分……这个最为动人的太阳、行星和彗星体系,只能来自一个全能全智的上帝的设计和统治。"

牛顿进一步猜想:"如果恒星都是其他类似体系的中心,那么这些体系也必定完全从属于上帝的统治。……为避免各恒星的系统在引力作用下相互碰撞,他(上帝)便将这些系统分置在相距很远的位置上。"

到这里,牛顿肯定了上帝的存在,肯定了这个"最为动人"的体系来自上帝的设计和统治。到这里,我们不免会注意到牛顿明显地回避了《圣经·创世记》中讲的上帝创造世界的故事:他似乎不反对上帝创世,但他不同意《圣经》中的那种创始说。在他自己的宇宙里,他只强调了上帝对于宇宙的统治权。

他说,"上帝不是作为宇宙之灵而是作为万物的主宰来支配一切的"。牛顿比较了统治权与自治权的区别,指出一般人心目中的上帝只不过是有自治权的神,但真正的上帝是享有对于一切的统治权的。"只有拥有统治权的精神存在者才能成其为上帝:一个真实的、至上的或想象的统治才意味着一个真实的、至上的或想象的上帝"。

然后,牛顿由上帝的统治权推导出上帝的禀赋,一个他心目中与常人想象的不同的上帝:统治意味着能动性和全能全智,完善和至上,支配一切。"他不是永恒和无限,但却是永恒的和无限的;他不是延续或空间,但他延续着而且存在着。他永远存在,且无所不在;由此构成了延续和空间"。

到这里,牛顿大致回应了贝克莱主教对他的指责,在绝对时间和绝对空间与上帝之间建立上了联系。紧接着,牛顿回击了莱布尼兹的诘难:

上帝"以一种完全不属于人类的方式,一种完全不属于物质的方式,一种我们绝对不可知的方式行事。就像盲人对颜色毫无概念一样,我们对全能的上帝感知和理解一切事物的方式一无所知。……我们能知道他的属性,但对任何事物的本质却一无所知。……我们无法运用感官或任何思维作用获知它们的内在本质;而对上帝的本质更是一无所知"。

"因此,像莱布尼兹那样妄论引力是不是上帝的意志、或其属性、或什么隐秘的质的人,才是真正不敬神的人"。

最后,牛顿没有忘记为自己所从事的自然哲学的研究进行辩护:

"我们只能通过他(上帝)对事物的最聪明、最卓越的设计,以及终极的原因来认识他……我们随时随地可以见到的各种自然事物，只能来自一个必然存在着的存在物的观念和意志。……我们关于上帝的所有见解，都是以人类的方式得自某种类比的，这虽然不完备，但也有某种可取之处。……而要做到通过事物的现象了解上帝，实在是非自然哲学莫属。"

到这里，牛顿结束了对上帝的谈论。

总的来说，牛顿的上帝见解的确与大多数基督徒的见解不同。他不谈论上帝创世，但他谈论上帝"治世"；一般人认为"是"上帝的东西，他认为那只"属于"上帝；普通信众认为要认识和接近上帝必须祷告和诵读《圣经》，他却认为应当研习自然哲学。

有的论者认为牛顿实际上只是一个泛神论者或自然神论者，这是不对的。仅从《原理》的这一篇"总释"来看似乎有些道理，但是这并不是真正的牛顿。牛顿信仰上帝，而且认为自己负有重要的神学使命。

读者应当记得牛顿的生日那天是圣诞节，这一巧合成为牛顿的精神负担。他以为自己的使命是向世人宣示宇宙的真理。人们无不惊异牛顿的《原理》是一部纯粹的科学著作,正文通篇与上帝毫无关系;人们同样惊异牛顿坚信《圣经》是古代贤哲写给后人的密码书,其中深藏玄机,而历代流传下来的《圣经》已经充满讹误,甚至还被篡改过,牛顿自觉承担研究《圣经》年代学的任务,他要还《圣经》以本来面目,并且解读其中的秘密;人们还惊异牛顿相信炼金术,经常夜以继日地守候在乌烟瘴气的炼金炉前,还曾经为此累垮了身体甚至中毒,牛顿认为炼金术中也深藏着宇宙机密;当然,人们还会惊异牛顿巨大的管理才能和在官场上的老道练达,在运用统治手段时那种毫不留情和摧毁对手的残忍。牛顿是个极为复杂的历史人物。

在这篇"总释"中,牛顿刚刚谈论完上帝,就再次表述了他的万有引力定律:"它(引力)取决于它们(粒子)所包含的固体物质的量,并可向所有方向传递到极远距离,总是反比于距离的平方减弱。"但是,牛顿坚定地拒绝谈论万有引力的原因。关于引力从何而来的问题,他实际上是这样回答的:"不知道。"

后世的哲学家们真是应当感谢牛顿,因为他描述完自己的体系之后，又谈论起自己的方法论来，写下了一段可以让他们大书特书、聚讼纷纭的文字：

> "我也不构造假说；因为，凡不是来源于现象的，都应称其为假说；而假说，不论它是形而上学的或物理学的，不论它是关于隐秘的质的或是关于力学性质的，在实验哲学中都没有地位。在这种哲学中，特定命题是由现象推导出来的，然后才用归纳方法做出推广。……对于我们来说，能知道引力确实存在着，并按我们所解释的规律起作用，并能有效地说明天体和海洋的一切运动，即已足够了。"

显然，牛顿写这段文字时心里是想着德国人莱布尼兹的，这是一段带有论战性的文字，不能代表牛顿一以贯之的总的方法论态度。牛顿显然极为满意于自己的发明，极为满意自己构造的有史以来最大的假说。他好像向对手摊开了双手，挑衅说："我做到了，你行吗？"就像今天的科学家们争吵时常说的："拿出实验结果来，拿出观测数据来！"

"不构造假说"和"在实验哲学中没有地位"是牛顿

所有的文字中被现代人炒作得最多的。牛顿是伟人,他的话当然一定是微言大义了。

在牛顿的时代,像牛顿这样只对宇宙体系进行描述而拒绝做出充分说明和解释的做法,是有些不合时宜的。学界的风气是一事当前必先追问终极原因,这种思维方式至今仍在许多人的头脑中存在,但它在大多数场合并不能给人们带来更多的知识。

牛顿的这种思维可以追溯到伽利略。伽利略对人们说,要先搞清楚事物是怎么样,然后才能回答为什么。在思辨风气甚嚣尘上的时代,伽利略得不到广泛的认同,而自牛顿始,这种先描述后解释的思维才成为自然科学的标准思维。正因为如此,牛顿以后的科学才步入正轨,日益昌明。

然而更值得称道的是,牛顿在深深自负于自己的发明之余,并没有忘记求实的态度:牛顿谈到了某种最精细的"精气的"事情,它使物质粒子在近距离上相互吸引,一旦接触就粘连在一起;它还使带电物体既推斥又吸引其他物体;使光发射、反射、折射,并加热物体;使感官受到刺激,使躯体受到意志的驱动,等等。牛顿暗示,他的学说对这些现象还无能为力。

这是一种美德:谦逊。牛顿本人清醒地看到了自己理论的不足。

今天的科学和技术大大超越了牛顿的时代,但是在两个问题上我们还没能超越牛顿:一是建构一个与牛顿的同样简单的宇宙体系;二是用统一的理论去描述和解释牛顿在上面提到的种种现象。

～中　篇～

自然哲学之数学原理(节选)

Mathematical Principles of

Natural Philosophy

牛顿序言—定义—运动的公理或定律—受向心力
作用物体的相互吸引运动—球体的吸引力—受正比于
速度平方的阻力作用的物体运动—流体的圆运动—哲
学中的推理规则—现象—命题—总释

牛顿序言

由于古代人(如帕普斯①告诉我们的那样)在研究自然事物方面,把力学看得最为重要,而现代人则抛弃实体形式与隐秘的质,力图将自然现象诉诸数学定律,所以我将在本书中致力于发展与哲学相关的数学。古代人从两方面考察力学,其一是理性的,讲究精确地演算,再就是实用的。实用力学包括一切手工技艺,力学也由此而得名。但由于匠人们的工作不十分精确,于是力学便这样从几何学中分离出来,那些相当精确的即称为几何学,而不那么精确的即称为力学。然而,误差不能归因于技艺,而应归因于匠人。其工作精确性差的人就是有缺陷的技工,而能以完善的精确性工作的人,才是所

---

① Pappus of Alexandria,活动于公元 320 年前后,亚历山大城最后一位伟大的几何学家,著有《数学汇编》,系统介绍了古希腊最重要的数学著作。——译者注

有技工中最完美的,因为画直线和圆虽是几何学的基础,却属于力学。几何学并不告诉我们怎样画这些线条,却需要先画好它们,因为初学者在进入几何学之前需要先学会精确作图,然后才能学会怎样运用这种操作去解决问题。画直线与圆是问题,但不是几何学问题。这些问题需要力学来解决,而在解决了以后,则需要几何学来说明它的应用。几何学的荣耀在于,它从别处借用很少的原理,就能产生如此众多的成就。所以,几何学以力学的应用为基础,它不是别的,而是普遍适用的力学中能够精确地提出并演示其技巧的那一部分。

不过,由于手工技艺主要在物体运动中用到,通常似乎将几何学与物体的量相联系,而力学则与其运动相联系。在此意义上,理性的力学是一门精确地提出问题并加以演示的科学,旨在研究某种力所产生的运动以及某种运动所需要的力。古代人曾研究过部分力学问题,涉及与手工技艺有关的五种力,他们认为较之于这些力,重力(纵非人手之力)也只能表现在以人手之力来搬动重物的过程中。

但我考虑的是哲学而不是技艺,所研究的不是人手之力而是自然之力,主要是与重力、浮力、弹力、流体阻力以及其他无论是吸引力抑或推斥力相联系的问题。因此,我的这部著作论述哲学的数学原理,因为哲学的全部困难在于:由运动现象去研究自然力,再由这些力去推演其他现象;为此,我在本书第一编和第二编中推导出若干普适命题。在第三编中,我示范了把它们应用于宇宙体系,用前两编中数学证明的命题由天文现象推演出使物体倾向于太阳和行星的重力,再运用其他数学命题由这些力推算出行星、彗星、月球和海洋的运动。我希望其他的自然现象也同样能由力学原理推导出来,有许多理由使我猜测它们都与某些力有关,这些力以某些迄今未知的原因驱使物体的粒子相互接近,凝聚成规则形状,或者相互排斥离散。哲学家们对这些力一无所知,所以他们对自然的研究迄今劳而无功,但我期待本书所确立的原理能于此或真正的哲学方法有所助益。

埃德蒙德·哈雷先生是最机敏渊博的学者,在本书出版中他不仅帮助我校正排版错误和制备几何插图,而且正是由于他的推动本书才得以发表,因为他在得知我对天体轨道形状的证明之后,一直敦促我把它提交给皇家学会。此后，在他们善意的鼓励和请求下，我才决定把它们发表出来。但在开始考虑月球运动的均差，与重力及别的力的规律和度量有关的某些其他情形，以及物体按照已知定律受吸引的轨迹形状，若干物体相互间的运动，在阻滞介质中的物体运动，介质的力、密度和运动，彗星的轨道等诸如此类的问题之后，我延迟了这项出版，直到我对这些问题都做了研究，并能将它们放到一起提出之时。与月球运动有关的内容（由于不太完备）我都囊括在命题 66 的推论中，以免此先就得提出并阐明一些势必牵扯到某种过于烦冗而与本书的宗旨不相合的方法的问题，从而打乱其他命题的连贯性。至于事后所发现的遗漏问题，我只好安排在不太恰当的地方，免得再改变命题和引证的序号。

恳望读者耐心阅读本书，对我就此困难课题所付之劳作给予评判，并在纠正其缺陷时勿太过苛求。

1686 年 5 月 8 日

于剑桥三一学院

定　义

定　义　1

　　物质的量是物质的度量,可由其密度和体积共同求出。

　　所以空气的密度加倍,体积加倍,它的量就增加到四倍;体积加到三倍,它的量就增加到六倍。因挤紧或液化而压缩起来的雪、微尘或粉末,以及由任何原因而无论怎样不同地压缩起来的所有物体,也都可以作同样的理解。我在此没有考虑可以自由穿透物体各部分间隙的介质,如果有这种物质的话。此后我不论在何处提到物体或质量这一名称,指的就是这个量。从每一物体的重量可推知这个量,因为它正比于重量,正如我在很精确的单摆实验中所发现的那样,后面我将加以详述。

定 义 2

运动的量是运动的度量,可由速度和物质的量共同求出。

整体的运动是所有部分运动的总和。因此,速度相等而物质量加倍的物体,其运动量加倍;若其速度也加倍,则运动量加到四倍。

定 义 3

vis insita,或物质固有的力,是一种起抵抗作用的力,它存在于每一物体当中,大小与该物体相当,并使之保持其现有的状态,或是静止,或是匀速直线运动。

这个力总是正比于物体,它来自物体的惯性,与之没有什么区别,在此按我们的想法来研究它。一个物体,由于物质的惯性,要改变其静止或运动的状态不是没有困难的。由此看来,这个固有的力可以用最恰当不过的名称,惯性或惯性力来称呼它。但是,物体只有当有其他力作用于它,或者要改变它的状态时,才会产生这种力。这种力的作用既可以看作是抵抗力,也可以看作是推斥力。当物体维持现有状态,反抗外来力的时候,即表现为抵抗力;当物体不易于向外来力屈服,并要改变外来力的状态时,即表现为推斥力。抵抗力通常属于静止物体,而推斥力通常属于运动物体。不过正如通常所说的那样,运动与静止只能作相对的区分,一般认为是静止的物体,并不总是真的静止。

定　义　4

外力是一种对物体的推动作用,使其改变静止的或匀速直线运动的状态。

这种力只存在于作用之时,作用消失后并不存留于物体中,因为物体只靠其惯性维持它所获得的状态。不过外力有多种来源,如来自撞击、来自挤压、来自向心力。

定　义　5

向心力使物体受到指向一个中心点的吸引、或推斥或任何倾向于该点的作用。

属于这种力的有重力,它使物体倾向于落向地球中心;磁力,它使铁趋向于磁石;那种使得行星不断偏离直线运动,否则它们将沿直线运动,进入沿曲线轨道环行运动的力,不论它是什么力。系于投石器上旋转的石块,企图飞离使之旋转的手,这企图张紧投石器,旋转越快,张紧的力越大,一旦将石块放开,它就飞离而去。那种反抗这种企图的力,使投石器不断把石块拉向人手,把石块维持在其环行轨道上,由于它指向轨道的中心人手,我称为向心力。所有环行于任何轨道上的物体都可作相同的理解,它们都企图离开其轨道中心;如果没有一个与之对抗的力来遏制其企图,把它们约束在轨道上,它们将沿直线以匀速飞去,所以我称这种力为向心力。

一个抛射物体,如果没有引力牵制,将不会回落到地球上,而是沿直线向天空飞去,如果没有空气阻力,飞离速度是匀速的。正是引力使其不断偏离直线轨道,向地球偏转,偏转的强弱,取决于引力和抛射物的运动速度。引力越小,或其物质的量越小,或它被抛出的速度越大,它对直线轨道的偏离越小,它就飞得越远。如果用火药力从山顶上发射铅弹,给定其速度,方向与地平面平行,铅弹将沿曲线在落地前飞行 2 英里;同样,如果没有空气阻力,发射速度加倍或加到十倍,则铅弹飞行距离也加倍或加十倍。通过增大发射速度,即可以随意增加它的抛射距离,减轻它的轨迹的弯曲度,直至它最终落在 10 度、30 度或 90 度的距离处,①甚至在落地之前环绕地球一周;或者,使它再也不返回地球,直入苍穹太空而去,做 infinitum(无限的)运动。运用同样的方法,抛射物在引力作用下,可以沿环绕整个地球的轨道运转。月球也是被引力,如果它有引力的话,或者别的力不断拉向地球,偏离其惯性力所遵循的直线路径,沿着其现在的轨道运转。如果没有这样的力,月球将不能保持在其轨道上。如果这个力太小,就将不足以使月球偏离直线路径;如果它太大,则将偏转太大,把月球由其轨道上拉向地球。这个力必须是一个适当的量,数学家的职责在于求出使一个物体以给定速度精确地沿着给定的轨道运转的力。反之,必须求出从一个给定处所,

① 此当指地球表面经度,因剑桥地处经度 0 度。——译者注

以给定速度抛射的物体,在给定力的作用下偏离其原来的直线路径所进入的曲线路径。

可以认为,任何一个向心力均有以下三种度量:绝对度量、加速度度量和运动度量。

定 义 6

以向心力的绝对度量量度向心力,它正比于中心导致向心力产生并通过周围空间传递的作用源的性能。

因此,一块磁石的磁力大而另一块的磁力小,取决于其尺寸和强度。

定 义 7

以向心力的加速度度量量度向心力,它正比向心力在给定时间里所产生的速度部分。

因此,对于同一块磁石,距离近则向心力大,距离远则力小;同理山谷里的引力大,而高山巅峰处引力小,而距离地球更远的物体其引力更小(后面将证明);但在距离相等时,它是处处相等的,因为(不计,或计入空气阻力)它对所有落体作相等的加速,不论其是重是轻,是大是小。

定　义　8

以向心力的运动度量量度向心力,它正比于向心力在给定时间里所产生的运动部分。

所以物体越大,其重量越大,物体越小,其重量越轻;对于同一物体,距地球越近重量越大,距离越远重量越轻。这种量就是向心性,或整个物体对中心的倾向,或如我所说的,物体的重量。它在量值上总是等于一个方向相反正好足以阻止该物体下落的力。

为了简捷起见,向心力的这三种量分别称为运动力、加速力和绝对力;为了加以区别,认为它们分别属于倾向于中心的物体、物体的处所和物体所倾向的力的中心。也就是说,运动力属于物体,它表示一种整体趋于中心的企图和倾向,它由若干部分的倾向合成。加速力属于物体的处所,它是一种由中心向周围所有方向扩散而出,使处于其中的物体运动的能力。绝对力属于中心,由于某种原因,没有它则运动力不可能向周围空间传递,不论这原因是由中心物体(如磁铁在磁力中心,地球在引力中心)或者别的尚不曾见过的事物引起。在此我只给出这些力的数学表述,不涉及其物体根源和地位。

因此,加速力与运动力的关系,将与速度与运动相同。因为运动的量由速度与物质的量的乘积决定,而运动力由加速力与同一个物质的量的乘积决定。加速力对物体各部作用的总和,就是总运动力。所以,在地球表面附近,加速重力,或重力所产生的力,对所有物体都是一样的,运动重力或重量与物体相同;但如果我们攀越到加速重力小的地方,重量也会等量减少,而且总是物体与加速力的乘积。所以,在加速力减少到一半的地方,原来轻两倍或三倍的物体,其重量将轻四倍或六倍。

我谈到吸引与推斥,正如我在同一意义上使用加速力和运动的力一样,对于吸引、推斥或任何趋向于中心的倾向这些词,我在使用时不作区分,因为我对这些力不从物理上而只从数学上加以考虑;所以,读者不要望文生义,以为我要划分作用的种类和方式,说明其物理原因或理由,或者当我说到吸引力中心,或者谈到吸引力的时候,以为我要在真实和物理的意义上,把力归因于某个中心(它只不过是数学点而已)。

附　注

至此,我已定义了这些鲜为人知的术语,解释了它们的意义,以便在以后的讨论中理解它们。我没有定义时间、空间、处所和运动,因为它们是人所共知的。唯一必须说明的是,一般人除了通过可感知客体外无法想象这些量,并会由此产生误解。为了消除误解,可方便地把这些量分为绝对的与相对的,真实的与表象的以及数学的与普通的。

Ⅰ. 绝对的、真实的和数学的时间,由其特性决定,自身均匀地流逝,与一切外在事物无关,又名延续;相对的、表象的和普通的时间是可感知和外在的(不论是精确的或是不均匀的)对运动之延续的量度,它常被用以代替真实时间,如一小时,一天,一个月,一年。

Ⅱ.绝对空间:其自身特性与一切外在事物无关,处处均匀,永不移动。相对空间是一些可以在绝对空间中运动的结构,或是对绝对空间的量度,我们通过它与物体的相对位置感知它;它一般被当作不可移动空间,如地表以下、大气中或天空中的空间,都是以其与地球的相互关系确定的。绝对空间与相对空间在形状与大小上相同,但在数值上并不总是相同。例如,地球在运动,大气的空间相对于地球总是不变,但在一个时刻大气通过绝对空间的一部分,而在另一时刻又通过绝对空间的另一部分。因此,在绝对的意义上看,它是连续变化的。

Ⅲ.处所是空间的一个部分,为物体占据着,它可以是绝对的或相对的,随空间的性质而定。我这里说的是空间的一部分,不是物体在空间中的位置,也不是物体的外表面。因为相等的固体其处所总是相等,但其表面却常常由于外形的不同而不相等。位置实在没有量可言,它们至多是处所的属性,绝非处所本身。整体的运动等同于各部分的运动的总和,也即是说,整体离开其处所的迁移等同于其各部分离开各自的处所的迁移的总和。因此,总体的处所等同于部分处所的和,也因此,它是内在的,在整个物体内部。

　　Ⅳ.绝对运动是物体由一个绝对处所迁移到另一个绝对处所;相对运动是由一个相对处所迁移到另一个相对处所。一艘航行中的船,船上物体的相对处所是它所占据的船的一部分,或物体在船舱中充填的那一部分,它与船共同运动:所谓相对静止,就是物体滞留在船或船舱的同一部分处。但实际上,绝对静止应是物体滞留在不动空间的同一部分处,船、船舱以及它携载的物品都已相对于它做了运动。所以,如果地球真的静止,那个相对于船静止的物体,将以等于船相对于地球的速度真实而绝对地运动。但如果地球也在运动,物体真正的绝对运动应当一部分是地球在不动空间中的运动,另一部分是船在地球上的运动;如果物体也相对于船运动,它的真实运动将部分来自地球在不动空间中的真实运动,部分来自船在地球上的相对运动,以及该物体相对于船的运动。这些相对运动决定物体在地球上的相对运动。例如,船所处的地球的那一部分,真实地向东运动,速度为10010等分,而船则在强风中扬帆向西航行,速度为10等分,水手在船上以1等分速度向东走,则水手在不动空间中实际上是向东运动,速度为 10001 等分,而他相对于地球的运动则是向西,速度为 9 等分。

天文学中,由表象时间的均差或勘误来区别绝对时间与相对时间,因为自然日并不真正相等,虽然一般认为它们相等,并用以度量时间。天文学家纠正这种不相等性,以便用更精确的时间测量天体的运动。能用以精确测定时间的等速运动可能是不存在的。所有运动都可能加速或减速,但绝对时间的流逝并不迁就任何变化。事物的存在顽强地延续维持不变,无论运动是快是慢抑或停止:因此这种延续应当同只能借着感官测量的时间区别开来,由此我们可以运用天文学时差把它推算出来。这种时差的必要性,在对现象做时间测定中已显示出来,如摆钟实验和木星卫星的食亏。

与时间间隔的顺序不可互易一样,空间部分的次序也不可互易。设想空间的一些部分被移出其处所,则它们将是(如果允许这样表述的话)移出其自身。因为时间和空间是,而且一直是它们自己以及一切其他事物的处所。所有事物置于时间中以列出顺序;置于空间中以排出位置。时间和空间在本质上或特性上就是处所,事物的基本处所可以移动的说法是不合理的。所以,这些是绝对处所,而离开这些处所的移动,是唯一的绝对运动。

但是,由于空间的这一部分无法看见,也不能通过感官把它与别的部分加以区分,所以我们代之以可感知的度量。由事物的位置及其到我们视为不动的物体的距离定义出所有处所,再根据物体由某些处所移向另一些处所,测出相对于这些处所的所有运动。这样,我们就以相对处所和运动取代绝对处所和运动,而且在一般情况下没有任何不便。但在哲学研究中,我们则应当从感官抽象出并且思考事物自身,把它们与单凭感知测度的表象加以区分。因为实际上借以标志其他物体的处所和运动的静止物体,可能是不存在的。

不过我们可以由事物的属性、原因和效果把一事物与其他事物的静止与运动、绝对与相对区别开来。静止的属性在于,真正静止的物体相对于另一静止物体也是静止的,因此,在遥远的恒星世界,也许更为遥远的地方,有可能存在着某些绝对静止的物体,但却不可能由我们世界中物体间相互位置知道这些物体是否保持着与遥远物体不变的位置,这意味着在我们世界中物体的位置不能确定绝对静止。

运动的属性在于,部分维持其在整体中的原有位置并参与整体的运动。转动物体的所有部分都有离开其转动轴的倾向,而向前行进的物体其力量来自所有部分的力量之和。所以,如果处于外围的物体运动了,处于其内原先相对静止的物体也将参与其运动。基于此项说明,物体真正的绝对的运动,不能由它相对于只是看起来是静止的物体发生移动来确定,因为外部的物体不仅应看起来是静止的,而且还应是真正静止的。反过来,所有包含在内的物体,除了移开它们附近的物体外,同样也参与真正的运动,即使没有这项运动,它们也不是真正的静止,只是看起来静止而已。因为周围的物体与包含在内的物体的关系,类似于一个整体靠外的部分与其靠内的部分,或者类似于果壳与果仁,但如果果壳运动了,则果仁作为整体的一部分也将运动,而它与靠近的果壳之间并无任何移动。

与上述有关的一个属性是,如果处所运动了,则处于其中的物体也与之一同运动。所以,移开其运动处所的物体,也参与了其处所的运动。基于此项说明,一切脱离运动处所的运动,都只是整体和绝对运动的一部分。每个整体运动都由移出其初始的处所的物体的运动和这个处所移出其原先位置的运动等构成,直至最终到达一不动的处所,如前面举过的航行中的船的例子。所以,整体和绝对的运动,只能由不动的处所加以确定,正因为如此我在前文里把绝对运动与不动处所相联系,而相对运动与相对处所相联系。所以,不存在不变的处所,只是那些从无限到无限的事物除外,它们全部保持着相互间既定的不变位置,必定永远不动,因而构成不动空间。

真实与相对运动之所以不同,原因在于施于物体上使之产生运动的力。真正的运动,除非某种力作用于运动物体之上,是既不会产生也不会改变的,但相对运动在没有力作用于物体时也会产生或改变。因为,只要对与前者作比较的其他物体施加以某种力就足够了,其他物体的后退,使它们先前的相对静止或运动的关系发生改变。再者,当有力施于运动物体上时,真实的运动总是发生某种变化,而这种力却未必能使相对运动作同样变化。因为如果把相同的力同样施加在用作比较的其他物体上,相对的位置有可能得以维持,进而维持相对运动所需条件;因此,相对运动改变时,真实运动可维持不变,而相对运动得以维持时,真实运动却可能变化了。因此,这种关系决不包含真正的运动。

绝对运动与相对运动的效果的区别是飞离旋转运动轴的力。在纯粹的相对转动中不存在这种力,而在真正和绝对转动中,该力大小取决于运动的量。如果将一个悬在长绳之上的桶不断旋转,使绳拧紧,再向桶中注满水,并使桶与水都保持平静,然后通过另一个力的突然作用,桶沿相反方向旋转,同时绳自己放松,桶做这项运动会持续一段时间。开始时,水的表面是平坦的,因为桶尚未开始转动;但之后,桶通过逐渐把它的运动传递给水,将使水开始明显地旋转,一点一点地离开中间,并沿桶壁上升,形成一个凹形(我验证过),而且旋转越快,水上升得越高,直至最后与桶同时转动,达到相对静止。水的上升表明它有离开转动轴的倾向,而水的真实和绝对的转动,在此与其相对运动直接矛盾,可以知道并由这种倾向加以度量。起初,当水在桶中的相对运动最大时,它并未表现出离开轴的倾向,也未显示出旋转的趋势,未沿桶壁上升,水面保持平坦,因此水的真正旋转并未开始。但在那之后,水的相对运动减慢,水沿桶壁上升表明它企图离开转轴,这种倾向说明水的真实的转动正逐渐加快,直到它获得最大量,这时水相对于桶静止。因此,水的这种倾向并不取决于水相对于其周围物体的移动,这种移动也不能说明真实的旋转运动。任何一个旋转的物体只存在一种真实的旋转运动,它只对应于一种企图离开运动轴的力,这才是其独特而恰当的后果。但在一个完全相同的物体中的相对运动,由其与外界物体的各种关系决定,多得不可胜数,而且与其他关系一样,都缺乏真实的效果,除非它们或许参与了那唯一的真实运动。因此,按这种见解,宇宙体系是:我们的天空在恒星天层之下携带着行星一同旋转,天空中的若干部分以及行星相对于它们的天空可能的确是静止的,但却实实在在地运动着。因为它们相互间变换着位置(真正静止的物体绝不如此),被裹挟在它们的天空中参与其运动,而且作为旋转整体的一部分,企图离开它们的运动轴。

正因为如此,相对的量并不是负有其名的那些量本身,而是其可感知的度量(精确的或不精确的),它通常用以代替量本身的度量。如果这些词的含义是由其用途决定的,则时间、空间、处所和运动这些词,其(可感知的)度量就能得到恰当的理解,而如果度量出的量意味着它们自身,则其表述就非同寻常,而且是纯数学的了。由此看来,有人在解释这些表示度量的量的同时,违背了本应保持准确的语言的精确性,他们混同了真实的量和与之有关的可感知的度量,这无助于减轻对数学和哲学真理的纯洁性的玷污。

要认识特定物体的真实运动,并切实地把它与表象的运动区分开,的确是一件极为困难的事,因为于其中发生运动的不动空间的那一部分,无法为我们的感官所感知。不过这件事也没有令人彻底绝望,我们还有若干见解作指导。其一来自表象运动,它与真实运动有所差异;其二来自力,它是真实运动的原因与后果。例如,两只球由一根线连接并保持给定距离,围绕它们的公共重心旋转,则我们可以由线的张力发现球欲离开转动轴的倾向,进而可以计算出它们的转动量。如果用同等的力旋加在球的两侧使其转动增加或减少,则由线的张力的增加或减少可以推知运动的增减,进而可以发现力应施加在球的什么面上才能使其运动有最大增加,即,可以知道是它的最后面,或在转动中居后的一面。而知道了这后面的一面,以及与之对应的一面,也就同样可以知道其运动方向了。这样,我们就能知道这种转动的量和方向,即使在巨大的真空中,没有供球与之做比较的外界的可感知的物体存在,也能做到。但是,如果在那个空间里有一些遥远的物体,其相互间位置保持不变,就像我们世界中的恒星一样,我们就确实无法从球在那些物体中的相对移动来判定究竟这运动属于球还是属于那些物体。但如果我们观察绳子,发现其张力正是球运动时所需要的,就能断定运动属于球,那些物体是静止的;最后,由球在物体间的运动,我们还能发现其运动的方向。但如何由其原因、效果及表象差异推知真正的运动以及相反的推理,正是我要在随后的篇章中详细阐述的,这正是我写作本书的目的。

运动的公理或定律

定　律　Ⅰ

每个物体都保持其静止或匀速直线运动的状态,除非有外力作用于它迫使它改变那个状态。

抛射体如果没有空气阻力的阻碍或重力向下牵引,将维持射出时的运动。陀螺各部分的凝聚力不断使之偏离直线运动,如果没有空气的阻碍,就不会停止旋转。行星和彗星一类较大物体,在自由空间中没有什么阻力,可以在很长时间里保持其向前的和圆周的运动。

定　律　Ⅱ

运动的变化正比于外力,变化的方向沿外力作用的直线方向。

如果某力产生一种运动,则加倍的力产生加倍的运动,三倍的力产生三倍的运动,无论这力是一次还是逐次施加的。而且如果物体原先是运动的,则它应加上原先的运动或是从中减去,这由它的方向与原先运动一致或相反来决定。如果它是斜向加入的,则它们之间有夹角,由二者的方向产生出新的复合运动。

定　律　Ⅲ

每一种作用都有一个相等的反作用;或者,两个物体间的相互作用总是相等的,而且指向相反。

不论是拉或是压另一个物体,都会受到该物体同等的拉或是压。如果用手指压一块石头,则手指也同等地受到石头的压。如果马拉一系于绳索上的石头,则马也同等地被拉向石头(如果可以这样说的话),因为绷紧的绳索同样企图使自身放松,将像它把石头拉向马一样同样强地把马拉向石头,它阻碍马前进就像它拉石头前进一样强。如果某个物体撞击另一物体,并以其撞击力使后者的运动改变,则该物体的运动也(由于互压等同性)发生一个同等的变化,变化方向相反。这些作用造成的变化是相等的,但不是速度变化,而是指物体的运动变化,如果物体不受到任何其他阻碍的话。因为,由于运动是同等变化的,向相反方向速度的变化反比于物体。本定律对于吸引力情形也成立,我们将在附注中证明。

推　论　Ⅰ

同时受到两力作用的物体,它将沿着以此两力为边的平行四边形的对角线运动,其运动时间与两个力分别作用时相同。

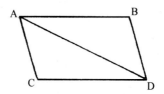

如果物体在给定的时刻受力 M 作用离开处所 A,应以均匀速度由 A 运动到 B,如果受力 N 作用离开 A,则应由 A 到 C,做出平行四边形 ABDC。使两个力共同作用,则物体在同一时间沿对角线由 A 运动到 D。因为力 N 沿 AC 线方向作用,它平行于 BD,(由第二定律)将

完全不改变使物体到达线 BD 的力 M 所产生的速度,所以物体将在同时到达 BD,不论力 N 是否产生作用。所以在给定时间终了时物体将处于线 BD 某处;同理,在同一时间终了时物体也处于线 CD 上某处。因此,它处于 D 点,两条线交会处。但由定律I,它将沿直线由 A 到 D。

推　论　Ⅱ

由此可知,任何两个斜向力 AC 和 CD 复合成一直线力 AD;反之,任何一直线力 AD 可分解为两个斜向力 AC 和 CD:这种复合和分解已在力学上得到充分证实。

如果由轮的中心 O 作两个不相等的半径 OM 和 ON,由绳 MA 和 NP 分别悬挂重量 A 和 P,则这些重量所产生的力正是运动轮子所需要的。通过中心 O 作直线 KOL,并与绳在 K 和 L 点垂直相交;再以 OK 和 OL 中较长的 OL 为半径以 O 为中心画一圆,与绳 MA 相交于 D;连接 OD,作 AC 平行 OD,DC 垂直于 OD。现在,绳上的点 K、L、D 是否固定在轮上已无关紧要,重量悬挂在 K、L 点或者 D、L 点效果是相同的。以线段 AD 表示

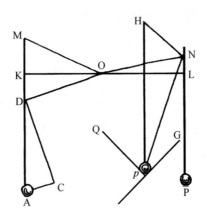

重量 A 的力,并把它分解为力 AC 和 CD,其中力 AC 与由中心直接引出的半径 OD 同向,对转动轮子不做贡献;但另一个力 DC 与半径 DO 垂直,它对转动轮子的贡献与把它悬在与 OD 相等的半径 OL 上相同。即,其效果与重量 P 相同,如果

$$P:A=DC:DA,$$

但由于三角形 ADC 与 DOK 相似。

$$DC:DA=OK:OD=OK:OL$$

因此,

$$P:A=半径 OK:半径 OL$$

这两个半径同处一条直线上,作用等效,因此是平衡的,这就是著名的平衡、杠杆和轮子的属性。如果该比例中一个力较大,则其转动轮子的力同等增大。

如果重量 p＝P,其部分悬挂在线 Np 上,部分躺在斜面 pG 上,作 pH,NH,使前者垂直于地平线,后者垂直于斜面 pG,如果把指向下的重量 p 的力以线 pH 来表示,则它可以分解为力 pN、HN。如果有一个平面 pQ 垂直于绳 pN,与另一平面相交,相交线平行于地平线,则重量 p 仅由 pQ、pG 支撑,它分别以 pN、HN 垂直压迫这两平面,即平面 pQ 受力 pN,平面 pG 受力 HN。所以,如果抽去平面,则重量将拉紧绳子,因为它现在取代抽去了的平面,悬挂着重量,它受到的张力就是先前压平面的力 pN,所以

pN 的张力：PN 的张力＝线段 pN：线段 pH

所以,如果

$$p：A＝OK：OL＝线段 pH：线段 pN$$

因此,如果 p 与 A 的比值是 pN 和 AM 到轮中心的最小距离的反比与 pH 和 pN 的比的乘积,则重量 p 与 A 转动轮子的效果相同,而且相互维持,这很容易得到实

验验证。

不过重量 p 压在两个斜面上,可以看作是被一个楔劈开的物体的两个内表面,由此可以确定楔和槌的力:因为重量 p 压平面 pQ 的力就是沿线段 pH 方向的力,不论它是自身重力或者槌子敲的力,在两个平面上的压力之比,即

$$p\mathrm{N} : p\mathrm{H}$$

以及在另一个平面 pG 上的压力之比,即

$$p\mathrm{N} : \mathrm{NH}$$

据此也可以把螺钉的力作类似分解,它不过是由杠杆力推动的楔子。所以,本推论应用广泛而久远,而其真理性也由之得以进一步确证。因为依照所有力学准则所说的以各种形式得到不同作者的多方验证,因为由此也不难推知由轮子、滑轮、杠杆、绳子等构成的机器力,和直接与倾斜上升的重物的力,以及其他的机械力,还有动物运动骨骼的肌肉力。

推 论 Ⅲ

由指向同一方向的运动的和,以及由相反方向的运

动的差,所得的运动的量,在物体间相互作用中保持不变。

根据定律Ⅲ,作用与反作用方向相反大小相等;而根据定律Ⅱ,它们在运动中产生的变化相等,各自作用于对方。所以,如果运动方向相同,则增加给前面物体的运动应从后面的物体中减去,总量与作用发生前相同。如果物体相遇,运动方向相反,则两方面的运动量等量减少,因此,指向相反方向的运动的差维持相等。

设球体 A 为另一球体 B 的 3 倍大,A 运动速度＝2,B 运动速度＝10,且与 A 方向相同。则

A 的运动：B 的运动＝6：10

设它们的运动量分别为 6 单位和 10 单位,则总量为 16单位。所以,在物体相遇的情形,如果 A 得到 3 个、4 个或 5 个运动单位,则 B 失去同等的量,碰撞后 A 的运动为 9 单位、10 单位或 11 单位,而 B 为 7,6 或 5,其总和与先前一样为 16 单位。如果 A 得到 9 个、10 个、11 个或 12 个运动单位,碰撞后运动量增大到 15 单位、16 单位、17 单位或 18 单位,而 B 所失去的与 A 得到的相等,其运动或者是由于失去 9 个单位而变为 1,或是失去全

部 10 个单位而静止,或是不仅失去其全部运动,而且
(如果能这样的话)还多失去了一个单位,以 1 个单位向
回运动,也可以失去 12 个单位的运动,以 2 运动单位向
回运动。两个物体总和为

$$15+1 \text{ 或 } 16+0$$

相反方向运动的差

$$17-1 \text{ 或 } 18-2$$

总是等于 16 单位,与它们相遇碰撞之前相同,然而在碰
撞后物体前进的运动量为已知时,物体的速度中的一个
也可以知道,方法是,碰撞后与碰撞前的速度之比等于
碰撞后与碰撞前的运动之比。在上述情形中:

碰撞前 A 的运动(6):碰撞后 A 的运动(18)=碰撞
前 A 的速度(2):碰撞后 A 的速度(X)。即:

$$6:18=2:X, \quad X=6$$

但是,如果物体不是球形,或运动在不同直线上,在
斜向上碰撞,则要求出其碰撞后的运动时,首先应确定
在碰撞点与两物体相切的平面的位置,然后把每个物体
的运动(由推论Ⅱ)分解为两部分,一部分垂直于该平
面,另一部分平行于该平面。因为两物体的相互作用发

生在与该平面相垂直的方向上,而在平行于平面的方向上物体的运动量在碰撞前后保持不变。在垂直方向的运动是等量反向地变化的,由此同向运动的和成反向运动的差与先前相同。由这种碰撞,有时也会提出物体绕中心的循环运动问题,不过我不拟在下文中加以讨论,而且要将与此有关的每种特殊情形都加证明也太过烦冗了。

推 论　IV

两个或多个物体的公共重心不因物体自身之间的作用而改变其运动或静止状态,因此,所有相互作用着的物体(有外力和阻滞作用除外)其公共重心或处于静止状态,或处于匀速直线运动状态。

因为,如果有两个点沿直线做匀速运动,按给定比例把两点间距离分割,则分割点或是静止,或是以匀速直线运动。在以后的引理 23 及其推论中将证明如果点在同一平面中运动,这一情形为真,由类似的方法,还可证明当点不在同一平面内运动的情形。因此,如果任意多的物体都以匀速直线运动,则它们中的任意两个的重心处于静止或是做匀速直线运动,因为这两个匀速直线运动的物体其重心连线被一给定比例在公共重心点分割。用类似方法,这两个物体的公共重心与第三个物体的重心也处于静止或匀速直线运动状态,因为这两个物体的公共重心与第三个物体的重心间的距离也以给定比例分割。以此类推,这三个物体的公共重心与第四个物体的重心间的距离也可以给定比例分割,直至 infinitum(无穷)。所以,一个物体体系,如果它们之间没有任何作用,也没有任何外力作用于它们之上,因而它们都在做匀速直线运动,则它们全体的公共重心或是静止或是以匀速直线运动。

还有,相互作用着的两个物体系统,由于它们的重心到公共重心的距离与物体成反比,则物体间的相对运动,不论是趋近或是背离重心,必然相等。因而运动的变化等量而反向,物体的共同重心由于其相互间的作用而既不加速也不减速,而且其静止或运动的状态也不改变。但在一个多体系统中,因为任意两个相互作用着的物体的共同重心不因这种相互作用而改变其状态,而其他物体的公共重心受此一作用甚小;然而这两个重心间的距离被全体的公共重心分割为反比于属于某一中心的物体的总和的部分,所以,在这两个重心保持其运动或静止状态的同时,所有物体的公共重心也保持其状态。需指出的是全体的公共重心其运动或静止的状态不能因受到其中任意两个物体间相互作用的破坏而改变。但在这样的系统中物体间的一切作用或是发生在某两个之间,或是由一些双体间的相互作用合成,因此它们从不对全体的公共重心的运动或静止状态产生改变。这是由于当物体间没有相互作用时,重心将保持静止或做匀速直线运动;即使有相互作用,它也将永远保持其静止或匀速直线运动状态,除非有来自系统之外的力的作用破坏这种状态。所以,在涉及保持其运动或静止状态问题时,多体构成的系统与单体一样适用同样的定律,因为不论是单体或是整个多物体系统,其前进运动总是通过其重心的运动来估计的。

推　论　V

一个给定的空间,不论它是静止,或是作不含圆周运动的匀速直线运动,它所包含的物体自身之间的运动不受影响。

因为方向相同的运动的差,与方向相反的运动的和,在开始时(根据假定)在两种情形中相等,而由这些和与差即发生碰撞,物体相互间发生作用,因而(按定律Ⅱ)在两种情形下碰撞的效果相等,因此在一种情形下物体相互之间的运动将保持等同于在另一种情形下物体相互间的运动。这可以由船的实验来清楚地证明,不论船是静止或匀速直线运动,其内的一切运动都同样进行。

推 论 Ⅵ

相互间以任何方式运动着的物体,在都受到相同的加速力在平行方向上被加速时,都将保持它们相互间原有的运动,如同加速力不存在一样。

因为这些力同等作用(其运动与物体的量有关)并且是在平行线方向上,则(根据定律Ⅱ)所有物体都受到同等的运动(就速度而言),因此它们相互间的位置和运动不发生任何改变。

附　注

迄此为止我叙述的原理已为数学家所接受,也得到大量实验的验证。由前两个定律和前两个推论,伽利略曾发现物体的下落随时间的平方而变化(in duplicata ratione temporis),抛体的运动沿抛物线进行,这与经验相吻合,除了这些运动受到空气阻力的些微阻滞。物体下落时,其重量的均匀力作用相等,在相同的时间间隔内,这种相等的力作用于物体产生相等的速度;而在全部时间中全部的力所产生的全部的速度正比于时间。而对应于时间的距离是速度与时间的乘积,即正比于时间的平方。当向上抛起一个物体时,其均匀重力使其速度正比于时间递减,在上升到最大高度时速度消失,这个最大高度正比于速度与时间的乘积,或正比于速度的平方。如果物体沿任意方向抛出,则其运动是其抛出方向上的运动与其重力产生的运动的复合。

因此,如果物体 A 只受抛射力作用,抛出后在给定时间内沿直线 AB 运动,而自由下落时,在同一时间内沿 AC 下落,作平行四边形 ABDC,则该物体做复合运动,在给定时间的终了时刻出现在 D 处;物体画出的曲线 AED 是一抛物线,它与直线 AB 在 A 点相切,其纵坐标 BD 则与直线 AB 的平方成比例,由相同的定律和推论还能确定单摆振动时间,这在日用的摆钟实验中得到证明。

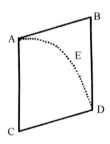

运用这些定律、推论再加上定律Ⅲ,雷恩爵士、瓦里斯(John Wallis,1616—1703)博士和我们时代最伟大的几何学家惠更斯先生,各自独立地建立了硬物体碰撞和反弹的规则,并差不多同时向皇家学会报告了他们的发现,他们发现的规则极其一致。

瓦里斯博士的确稍早一些发表,其次是雷恩爵士,

最后是惠更斯先生。但雷恩爵士用单摆实验向皇家学
会作了证明,马略特(M. Mariotte)很快想到可以对这一
课题作全面解释。但要使该实验与理论精确相符,我们
必须考虑到空气的阻力和相撞物体的弹力。将球体 A、
B 以等长弦 AC、BD 平行地悬挂于中心 C、D,绕此中心,
以弦长为半径画出半圆

$$RS＝TV$$

EAF,GBH,并分别为半径 CA,DB 等分。将物 A 移到
弧 EAF 上任意一点 R,并(也移开物体 B)由此让它摆
下,设一次振动后它回到 V 点,则 RV 就是空气阻力产
生的阻滞。取 ST 等于 RV 的四分之一并置于中间,即
有

$$RS：ST＝3：2$$

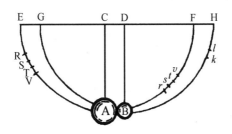

则 ST 非常近似地表示由 S 下落到 A 过程中的阻滞。再移回物体 B,设物体 A 由点 S 下落,它在反弹点 A 的速度将与它 *in vacuo*(在真空中)自点 T 下落时的大致相同,差别不大。由此看该速度可用弦 TA 长度来表示,因为这在几何学上是众所周知的命题:摆锤在其最低点的速度与它下落过程所划出的弧长成比例。反弹之后,设物体 A 到达 S 处,物体 B 到达 k 处,移开物体 B,找一个 V 点,使物体 A 下落后经一次振荡后回到 r 处,而 st 是 rv 的四分之一,并置于其中间使 rs 等于 tv,令弧 tA 的长表示物体 A 在碰撞后在 A 处的速度,因为 t 是物体 A 在不考虑空气阻力时所能达到的真实而正确的处所,用同样方法修正物体 B 所能达到的 k 点,选出 l 点为它 *in vacuo*(在真空中)达到的处所。这样就具备了所有如同真的在真空中做实验的条件。

在此之后,我们取物体 A 与弧 TA 的长(它表示其速度)的乘积(如果可以这样说的话),得到它在 A 处碰撞前一瞬间的运动,与弧 tA 的长的乘积表示碰撞后一瞬间的运动;同样,取物体 B 与弧 Bl 的长的乘积,就得到它在碰撞后同一瞬间的运动。

　　用类似的方法,当两个物体由不同处所下落到一起时,可以得出它们各自的运动以及碰撞前后的运动,进而可以比较它们之间的运动,研究碰撞的影响。取摆长10英尺,所用的物体有相等也有不相等的,在通过很大的空间,如8英尺、12英尺或16英尺之后使物体相撞,我总是发现,当物体直接撞在一起时,它们给对方造成的运动的变化相等,误差不超过3英寸,这说明作用与反作用总是相等。若物体A以9单位的运动撞击静止的物体B,失去7个单位,反弹运动为2,则B以相反方向带走7个单位。如果物体由迎面的运动而碰撞,A为12单位运动,B为6,则如果A反弹运动为2,则B为8,即,双方各失去14单位的运动。因为由A的运动中减去12单位,则A已无运动,再减去2单位,即在相反方向产生2单位的运动;同样,从物体B的6个单位中减去14单位,即在相反方向产生8个单位的运动。而如果二物体运动方向相同,A快些,有14单位运动,B慢些,有5个单位,碰撞后A余下5个单位继续前进,而B则变为14单位,9个单位的运动由A传给B。其他情形也相同。

物体相遇或碰撞,其运动的量,得自同向运动的和或是逆向运动的差,都绝不改变。至于一二英寸的测量误差可以轻易地归咎于很难做到事事精确上。要使两只摆精确地配合,使它们在最低点 AB 相互碰撞,要标出物体碰撞后达到的位置 s 和 k 是不容易的。还不止于此,某些误差,也可能是摆锤体自身各部分密度不同,以及其他原因产生的结构上的不规则所致。

可能会有反对意见,说这项实验所要证明的规律首要假定物体或是绝对硬的,或至少是完全弹性的(而在自然中这样的物体是没有的)。有鉴于此,我必然补充一下,我们叙述的实验完全不取决于物体的硬度,用柔软的物体与用硬物体一样成功。因为如果要把此规律用在不完全硬的物体上,只要按弹力的量所需比例减少反弹的距离即可。根据雷恩和惠更斯的理论,绝对硬的物体的反弹速度与它们相遇的速度相等,但这在完全弹性体上能得到更肯定的证实。对于不完全弹性体,返回的速度要与弹性力同样减小,因为这个力(除非物体的相应部分在碰撞时受损,或像在锤子敲击下被延展)是(就我所能想见而言)确定的,它使物体以某种相对速度离开另一个物体,这个速度与物体相遇时的相对速度有一给定的比例。

我用紧压坚固的羊毛球做过实验。首先,让摆锤下落,测量其反弹,确定其弹性力的量,然后,根据这个力,估计在其他碰撞情形下所应反弹的距离。这一计算与随后做的其他实验的确吻合。羊毛球分开时的相对速度与相遇时的速度总是大约5∶9,钢球的返回速度几乎完全相同,软木球的速度略小,但玻璃球的速度比约为15∶16,这样,第三定律在涉及碰撞与反弹情形时,都获得了与经验相吻合的理论证明。

对于吸引力的情形,我沿用这一方法作简要证明。设任意两个相遇的物体 A 和 B 之间有一障碍物介入,两物体相互吸引。如果任一物体,比如 A,被另一物体 B 的吸引,比物体 B 受物体 A 的吸引更强烈一些,则障碍物受到物体 A 的压力比受到物体 B 的压力要大,这样就不能维持平衡:压力大的一方取得优势,把两个物体和障碍物共同组成的系统推向物体 B 所在的一方。若在自由空间中,将使系统持续加速直至 $infinitum$(无限);但这是不合理的,也与第一定律矛盾。因为,由第一定律，系统应保持其静止或匀速直线运动状态，因此两物体必定对障碍物有相等压力，而且相互间吸引力也相等。我曾用磁石和铁做过实验。把它们分别置于适当的容器中，浮于平静水面上，它们相互间不排斥，而是通过相等的吸引力支撑对方的压力，最终达到一种平衡。

同样，地球与其部分之间的引力也是相互的。令地球 FI 被平面 EG 分割成 EGF 和 EGI 两部分，则它们相互间的重量是相等的。因为如果用另一个平行于 EG 的平面 HK 再把较大的一部分 EGI 切成两部分 EGKH 和 HKI，使 HKI 等于先前切开的部分 EGF，则很明显中间部分 EGKH 自身的重量合适，不会向任何一方倾倒，始终悬着，在中间保持静止和平衡。但一侧的部分 HKI 将用其全部重量把中间部分压向另一侧的部分 EGF，所以 EGI 的力，HKI 和 EGKH 部分的和，倾向于第三部分 EGF，等于 HKI 部分的重量，即第三部分 EGF 的重量。因此，EGI 和 EGF 两部分相互之间的重量是相等的，这正是要证明的。如果这些重量真的不相等，则漂浮在无任何阻碍的以太中的整个地球必定让位于更大的重量，逃避开去，消失于无限之中。

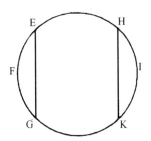

由于物体在碰撞和反弹中是等同的,其速度反比于其惯性力,因而在运用机械仪器中有关的因素也是等同的,并相互间维持对方相反的压力,其速度由这些力决定,并与这些力成反比。

所以,用于运动天平的臂的重量,其力是相等的,在使用天平时,重量反比于天平上下摆动的速度,即,如果上升或下降是直线的,其重量的力就相等,并反比于它们悬挂在天平上的点到天平轴的距离;但若有斜面插入,或其他障碍物介入致使天平偏转,使它斜向上升或下降,那些物体也相等,并反比于它们参照垂直线所上升或下降的高度,这取决于垂直向下的重力。

类似的方法也用于滑轮或滑轮组。手拉直绳子的力与重量成正比,不论重物是直向或斜向上升,如同重物垂直上升的速度正比于手拉绳子的速度,都将拉住重物。

在由轮子复合而成的时钟和类似的仪器中,使轮子运动加快或减慢的反向力,如果反比于它们所推动的轮子的速度,也将相互维持平衡。

螺旋机挤压物体的力正比于手旋拧手柄使之运动的力,如同手握住那部分把柄的旋转速度与螺旋压向物体的速度。

楔子挤压或劈开木头两边的力正比于锤子施加在楔子上的力,如同锤子敲在楔上使之在力的方向上前进的速度正比于木头在楔下在垂直于楔子两边的直线方向上裂开的速度,所有机器都给出相同的解释。

机器的效能和运用无非是减慢速度以增加力,或者反之。因而运用所有适当的机器,都可以解决这样的问题:以给定的力移动给定的重量,或以给定的力克服任何给定的阻力。如果机器设计成其作用和阻碍的速度反比于力,则作用就能刚好抵消阻力,而更大的速度就能克服它。如果更大的速度大到足以克服一切阻力。它们通常来自接触物体相互滑动时的摩擦,或要分离连续的物体的凝聚,或要举起的物体的重量,则在克服所有这些阻力之后,剩余下的力就将在机器的部件以及阻碍物体中产生与自身成正比的加速度。

但我在此不是要讨论力学,我只是想通过这些例子说明第三定律适用之广泛和可靠。如果我们由力与速度的乘积去估计作用,以及类似地,由阻碍作用的若干速度与由摩擦、凝聚、重量产生的阻力的乘积去估计阻碍反作用,则将发现一切机器中运用的作用与反作用总是相等的。尽管作用是通过中介部件传递的,最后才施加到阻碍物体上,其最终的作用总是针对反作用的。

受向心力作用物体的相互吸引运动

命题 65[1]　定理 25[2]

力随其到中心距离的平方而减小的物体,相互间沿椭圆运动;而由焦点引出的半径掠过的面积极近似于与时间成正比。

在前一命题中我们已证明了沿椭圆精确进行的运动情形。力的规律与该情形的规律相距越远,物体运动间的相互干扰越大;除非相互距离保持某种比例,否则按该命题所假设的规律相互吸引的物体不可能严格沿椭圆运动。不过,在下述诸情形中轨道与椭圆差别不大。

情形 1.　设若干小物体围绕某个很大的物体在距

---

① 此为原书序号,本书类似情况不再一一注明。

② 同上。

它不同距离上运动,且指向每个物体的力正比于其距离。因为(由运动定律推论Ⅳ)它们全体的公共重心或是静止,或是匀速运动。设小物体如此之小,以至于根本不能测出大物体到该重心的距离;因而大物体以无法感知的误差处静止或匀速运动状态中;而小物体绕大物体沿椭圆运动,其半径掠过的面积正比于时间(如果我们排除由大物体到公共重心间距所引入的误差,或由小物体相互间作用所引入的误差的话。)可以使小物体如此缩小,使该间距和物体间的相互作用小于任意给定值;因而其轨道成为椭圆,对应于时间的面积没有不小于任意给定值的误差。

证毕。

情形 2.　设一个系统,其中若干小物体按上述情形绕一个极大物体运动,或设另一个相互环绕的二体系统,做匀速直线运动,同时受到另一个距离很远的极大物体的推动而偏向一侧。因为沿平行方向推动物体的加速不改变物体相互间的位置,只是在各部分维持其间的相互运动的同时,推动整个系统改变其位置,所以相互吸引物体之间的运动不会因该极大物体的吸引而有

所改变,除非加速吸引力不均匀,或相互间沿吸引方向
的平行线发生倾斜。所以,设所有指向该极大物体的加
速吸引力反比于它和被吸引物体间距离的平方,通过增
大极大物体的距离,直到由它到其他物体所作的直线长
度之间的差,以及这些直线相互间的倾斜都可以小于任
意给定值,则系统内各部分的运动将以不大于任意给定
值的误差继续进行。因为,由于各部分间距离很小,整
个被吸引的系统如同一个物体,它像一个物体一样因而
受到吸引而运动;即,它的重心将关于该极大物体画出
一条圆锥曲线(即如果该吸引较弱画出抛物线或双曲
线,如果吸引较强则画出椭圆);而且由极大物体指向该
系统的半径将正比于时间掠过面积。由前面假设知,各
部分间距离所引起的误差很小,并可以任意缩小。

证毕。

由类似的方法可以推广到更复杂的情形,直至
无限。

推论 I. 在情形 2 中,极大物体与二体或多体系
统越是趋近,则该系统内各部分相互间运动的摄动越
大;因为由该极大物体作向各部分的直线相互间倾斜变

大;而且这些直线比例不等性也变大。

推论Ⅱ.　在各种摄动中,如果设系统所有各部分指向极大物体的加速吸引力相互之间的比不等于它们到该极大物体的距离的平方的反比,则摄动最大;尤其当这种比例不等性大于各部分到极大物体距离的不等性时更是如此。因为,如果沿平行线方向同等作用的加速力并不引起系统内部分运动的摄动,而当它不能同等作用时,当然必定要在某处引起摄动,其大小随不等性的大小而变化。作用于某些物体上较大推斥力的剩余部分并不作用于其他物体,必定会使物体间的相互位置发生改变。而这种摄动叠加到由于物体间连线的不等性和倾斜而产生摄动上,将使整个摄动更大。

推论Ⅲ.　如果系统中各部分沿椭圆或圆周运动,没有明显的摄动,且它们都受到指向其他物体的加速力的作用,则该力十分微弱,或在很近处沿平行方向近于同等地作用于所有部分之上。

命题66　定理26

三个物体,如果它们相互吸引的力随其距离的平方而减小;且其中任意两个倾向于第三个的加速吸引力反比于相互间距离的平方;且两个较小的物体绕最大的物体旋转:则两个环绕物体中较靠内的一个作向最靠内且最大物体的半径,环绕该物体所掠过的面积更接近于正比于时间,画出的图形更接近于椭圆,其焦点位于两个半径的交点,如果该最大物体受到这吸引力的推动,而不是像它完全不受较小物体的吸引,因而处于静止;或者像它被远为强烈的或远为微弱的力所吸引,或在该吸引力作用下被远为强烈地或远为微弱地推动所表现的那样的话。

由前一命题的第二个推论不难得出这一结论,但也可以用某种更严格更一般的方法加以证明。

情形 1. 令小物体 P 和 S 在同一平面上关于最大物体 T 旋转,物体 P 画出内轨道 PAB,S 画出外轨道 ESE。令 SK 为物体 P 和 S 的平均距离;物体 P 在平均距离处指向 S 的加速吸引力由直线 SK 表示。作 SL 比 SK 等于 SK 的平方比 SP 的平方,则 SL 是物体 P 在任意距离 SP 处指向 S 的加速吸引力。连接 PT,作 LM 平行于它并与 ST 相交于 M;将吸引力 SL 分解(由运动定律推论Ⅱ)为吸引力 SM,LM。

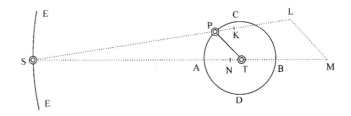

这样,物体 P 受到三个吸引力的作用。其中之一指向 T,来自物体 T 和 P 的相互吸引。该力使物体 P 以半径 PT 环绕物体 T,掠过的面积正比于时间,画出的椭圆焦点位于物体 T 的中心;这一运动与物体 T 处于静止或受该吸引力而运动无关,这可以由命题 11,以及定理 21 的推论Ⅱ和Ⅲ知道。另一个力是吸引力 LM,由于它由 P 指向 T,因而叠加在前一个力上,产生的面积,由定理 21 推论Ⅲ知,也正比于时间。但由于它并不反比于距离 PT 的平方,在叠加到前一个力上后,产生的复合力将使平方反比关系发生变化;复合力中这个力的比例相对于前一个力越大,变化也越大,其他方面则保持不变。所以,由命题 11,定理 21 推论Ⅱ,画出以 T 为焦点的椭

自然哲学之数学原理(学生版)

圆的力本应指向该焦点,且反比于距离 PT 的平方,而使
该关系发生变化的复合力将使轨道 PAB 由以 T 的焦点
的椭圆轨道发生变化;该力的关系变化越大,轨道的变
化也越大,而且第二个力 LM 相对于第一个力的比例也
越大,其他方面保持不变。而第三个力 SM 沿平行于
ST 的方向吸引物体 P,与另两个力合成的新力不再直
接由 P 指向 T;这种方向变化的大小与第三个力相对于
另两个力的比例相同,其他方面保持不变,因此,使物体
P 以半径 TP 掠过的面积不再正比于时间;相对于该正
比关系发生变化的大小与第三个力相对于另两个力的
比例的大小相同。然而这第三个力加剧了轨道 PAB 相
对于前两种力造成的相对于椭圆图形的变化:首先,力
不是由 P 指向 T;其次,它不反比于距离 PT 的平方。当
第三个力尽可能地小,而前两个力保持不变时,掠过的
面积最为接近于正比于时间;而当第二和第三两个力,
特别是第三个力,尽可能地小,第一个力保持先前的量
不变时,轨道 PAB 最接近于上述椭圆。

令物体 T 指向 S 的加速吸引力以直径 SN 表示;如
果加速吸引力 SM 与 SN 相等,则该力沿平行方向同等

地吸引物体 T 和 P,完全不会引起它们相互位置的改变,由运动定律推论Ⅵ,这两个物体之间的相互运动与该吸引力完全不存在时一样。由类似的理由,如果吸引力 SN 小于吸引力 SM,则 SM 被吸引力 SN 抵消掉一部分,而只有(吸引力)剩余的部分 MN 干扰面积与时间的正比性和轨道的椭圆图形。

再由类似的方法,如果吸引力 SN 大于吸引力 SM,则轨道与正比关系的摄动也由吸引力差 MN 引起。在此,吸引力 SN 总是由于 SM 而减弱为 MN,第一个与第二个吸引力完全保持不变。所以,当 MN 为零或尽可能小时,即当物体 P 和 T 的加速吸引力尽可能接近于相等时,亦即吸引力 SN 既不为零,也不小于吸引力 SM 的最小值,而是等于吸引力 SM 的最大值和最小值的平均值,即既不远大于也不远小于吸引力 SK 之时,面积与时间最接近于正比关系,而轨道 PAB 也最接近于上述椭圆。

证毕。

情形 2. 令小物体 P、S 关于大物体 T 在不同平面上旋转。在轨道 PAB 平面上沿直线 PT 方向的力 LM

的作用与上述相同,不会使物体 P 脱离该轨道平面。但另一个力 NM,沿平行 ST 的直线方向作用(因而,当物体 S 不在交点连线上时,倾向于轨道 PAB 的平面),除引起所谓纵向摄动之外,还产生另一种所谓横向摄动,把物体 P 吸引出其轨道平面。在任意给定物体 P 和 T 的相互位置情形下,这种摄动正比于产生它的力 MN;所以,当力 MN 最小时,即(如前述)当吸引力既不远大于也不远小于吸引力 SK 时,摄动最小。

证毕。

推论 I. 所以,容易推知,如果几个小物体 P、S、R 等关于极大物体 T 旋转,则当大物体与其他物体相互间都受到吸引和推动(根据加速吸引力的比值)时,在最里面运动的物体 P 受到的摄动最小。

推论 II. 在三个物体 T、P、S 的系统中,如果其中任意两个指向第三个的加速吸引力反比于距离的平方,则物体 P 以 PT 为半径关于物体 T 掠过面积时,在会合点 A 及其对点 B 附近时快于掠过方照点 C 和 D。因为,每一种作用于物体 P 而不作用于物体 T 的力,都不沿直线 PT 方向,根据其方向与物体的运动方向相同或是相

反,对它掠过面积加速或减速。这就是力NM。在物体
由C向A运动时,该力指向运动方向,对物体加速;在
到达D时,与运动方向相反,对物体减速;然后直到运动
到B,它与运动同向;最后由B到C时它又与运动反向。

推论Ⅲ. 由相同理由知,在其他条件不变时,物体
P在会合点及其对点比在方照点运动得快。

推论Ⅳ. 在其他条件不变时,物体P在轨道在方
照点比在会合点及其对点弯曲度大。因为物体运动越
快,偏离直线路径越少。此外,在会合点及其对点。力
KL,或NM与物体T吸引物体P的力方向相反,因而使
该力减小;而物体P受物体T吸引越小,偏离直线路径
越小。

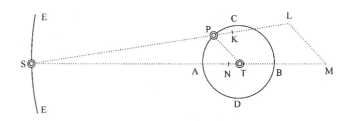

推论Ⅴ. 在其他条件不变时,物体P在方照点比

在会合点及其对点距物体 T 更远。不过这仅在不计偏心率变化时才成立。因为如果物体 P 的轨道是偏心的,当回归点位于朔望点时,其偏心率(如将在推论Ⅸ中计算的)最大,因而有可能出现这种情况,当物体 P 的朔望点接近其远回归点时,它到物体 T 的距离大于在方照点的距离。

推论Ⅵ. 因为使物体 P 滞留在其轨道上的中心物体 T 的向心力,在方照点由于力 LM 的加入而增强,而在朔望点由于减去力 KL 而削弱,又因为力 KL 大于 LM,因而削弱的多于增强的;而且,由于该向心力(由命题 4 推论Ⅱ)正比于半径 TP,反比于周期的平方变化,所以不难推知力 KL 的作用使合力比值减小;因此设轨道半径 PT 不变,则周期增加,并正比于该向心力减小比值的平方根;因此,设半径增大或减小,则由命题 4 推论Ⅵ,周期以该半径的 $\frac{3}{2}$ 次幂增大或减小。如果该中心物体的吸引力逐渐减弱,被越来越弱地吸引的物体 P 将距中心物体 T 越来越远;反之,如果该力越来越强,它将距 T 越来越近。所以,如果使该力减弱的远物体 S 的作用由于旋转而有所增减,则半径 TP 也相应交替地增减;而随着远物体 S 的作用的增减,周期也随半径的比值的 $\frac{3}{2}$ 次幂,以及中心物体 T 的向心力的减弱或增强比值的平方根的复合比值而增减。

推论Ⅷ. 由前面证明的还可以推知,物体 P 所画椭圆的轴,或回归线的轴,随其角运动而交替前移或后移,只是前移较后移为多,因此总体直线运动是向前移的。因为,在方照点力 MN 消失,把物体 P 吸引向 T 的力由力 LM 和物体 T 吸引物体 P 的向心力复合而成。如果距离 PT 增加,第一个力 LM 近似于以距离的相同比例增加,而另一个力则以正比于距离比值的平方减少;因此两个力的和的减少小于距离 PT 比值的平方;因此由命题 45 推论Ⅰ,将使回归线,或者等价地,使上回归点后移。但在会合点及其对点使物体 P 倾向于物体 T 的力是力 KL 与物体 T 吸引物体 P 的力的差,而由于力 KL 极近似于随距离 PT 的比值而增加,该力差的减少大于距离 PT 比值的平方;因此由命题 45 推论Ⅰ,使回归线前移。在朔望点和方照点之间的地方,回归线的运动取决于这两种因素的共同作用,因此它按两种作用中较强的一项的剩余值比例前移或后移。所以,由于在朔望点力 KL 几乎是力 LM 在方照点的两倍,剩余在力 KL 一方,因而回归线向前移。如果设想两个物体 T 和 P 的系统为若干物体 S、S、S,等等,在各边所环绕,分布于轨道 ESE 上,则本结论与前一推论便易于理解了,因为由于这些物体的作用,物体 T 在每一边的作用都减弱,其减少大于距离比值的平方。

推论Ⅷ. 但是,由于回归点的直线或逆行运动决定于向心力的减小,即决定于在物体由下回归点移向上回归点过程中,该力大于或是小于距离 TP 比值的平方;也决定于物体再次回到下回归点时向心力类似的增大;所以,当上回归点的力与下回归点的力的比值较之距离平方的反比值有最大差值时,该回归点运动最大。不难理解,当回归点位于朔望点时,由于相减的力 KL 或 NM−LM 的缘故,其前移较快;而在方照点时,由于相加的力 LM,其后移较慢。因为前行速度或逆行速度持续时间很长,这种不等性相当明显。

推论Ⅸ. 如果一个物体受到反比于它到任意中心

的距离的平方的力的阻碍,环绕该中心运动;在它由上
回归点落向下回归点时,该力受到一个新的力的持续增
强,且超过距离减小比值的平方,则该总是被吸引向中
心的物体在该新的力的持续作用下,将比它单独受随距
离减小的平方而减小的力的作用更倾向于中心,因而它
画出的轨道比原先的椭圆轨道更靠内,而且在下回归点
更接近于中心。所以,新力持续作用下的轨道更为偏
心。如果随着物体由下回归点向上回归点运动再以与
上述的力的增加的相同比值减小向心力,则物体回到原
先的距离上;而如果力以更大比值减小,则物体受到的
吸引力比原先要小,将迁移到较大的距离,因而轨道的
偏心率增大得更多。所以,如果向心力的增减比值在每
一周中都增大,则偏心率也增大;反之,如果该比值减
小,则偏心率也减小。

　　所以,在物体 T、P、S 的系统中,当轨道 PAB 的回归
点位于方照点时,上述增减比值最小,而朔望点时最大。
如果回归点位于方照点,该比值在回归点附近小于距离
比值的平方,而在朔望点大于距离比值的平方;而由该
较大比值即产生的回归线运动,正如前面所述。但如果

考虑上下回归点之间的整个增减比值,它还是小于距离
比值的平方。下回归点的力比上回归点的力小于上回
归点到椭圆焦点的距离与下回归点到同一焦点的距离
的比值的平方;反之,当回归点位于朔望点时,下回归点
的力比上回归点的力大于上述距离比值的平方。因为
在方照点,力 LM 叠加在物体 T 的力上,复合力比值较
小;而在朔望点,力 KL 减弱物体 T 的力,复合力比值较
大。所以,在回归点之间运动的整个增减比值,在方照
点最小,在朔望点最大;所以,回归点在由方照点向朔望
点运动时,该比值持续增大,椭圆的偏心率也增大;而在
由朔望点向方照点运动时,比值持续减小,偏心率也
减小。

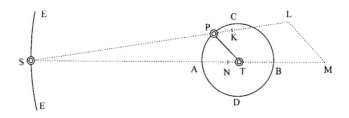

推论Ⅹ. 我们可以求出纬度误差。设轨道 EST
的平面不动,由上述误差的原因可知,两个力 NM 和

ML 是误差的唯一和全部原因,其中力 ML 总是在轨道 PAB 平面内作用,不会干扰纬度方向的运动;而力 NM,当交会点位于朔望点时,也作用于轨道的同一平面,此时也不会影响纬度运动。但当交会点位于方照点时,它对纬度运动有强烈干扰,把物体持续吸引出其轨道平面;在物体由方照点向朔望点运动时,它减小轨道平面的倾斜,而当物体由朔望点移向方照点时,它又增加平面的倾斜。所以,当物体到达朔望点时,轨道平面倾斜最小,而当物体到达下一个交会点时,它又恢复到接近于原先的值。但如果物体位于方照点后的八分点(45°)即位于 C 和 A,D 和 B 之间,则由于刚才说明的原因,物体 P 由任一交会点向其后 90°点移动时,平面倾斜逐渐减小;然后,在由下一个 45°向下一个方照点移动时,倾斜又逐渐增加;其后,再由下一个 45°度向交会点移动时,倾斜又减小。所以,倾斜的减小多于增加,因而在后一个交会点总是小于前一个交会点。

由类似理由,当交会点位于 A 和 D、B 和 C 之间的另一个八分点时,平面倾斜的增加多于减小。所以,当交会点在朔望点时倾斜最大。在交会点由朔望点向方照点运动时,物体每次接近交会点,倾斜都减小,当交会点位于方照点同时物体位于朔望点时倾斜达到最小值;然后它又以先前减小的程度增加,当交会点到达下一个朔望点时恢复到原先值。

推论Ⅺ. 因为,当交会点在方照点时,物体 P 被逐渐吸引离开其轨道平面,又因为该吸引力在它由交会点 C 通过会合点 A 向交会点 D 运动时是指向 S 的,而在它由交会点 D 通过对应点 B 移向交会点 C 时,方向又相反,所以,在离开交会点 C 的运动中,物体逐渐离开其原先的轨道平面 CD,直至它到达下一个交会点,因而在该交会点上,由于它到原先平面 CD 距离最远,它将不在该平面的另一个交会点 D,而在距物体 S 较近的一个点通过轨道 EST 的平面,该点即该交会点在其原先处所后的新处所。而由类似理由,物体由一个交会点向下一个交会点运动时,交会点也向后退移。所以,位于方照点的交会点逐渐退移;而在朔望点没有干扰纬度运动的因素,交会点不动;在这两种处所之间两种因素兼而有之,交会点退移较慢。所以,交会点或是逆行,或是不动,总是后移,或者说,在每次环绕中都向后退移。

推论 XII. 在物体 P 和 S 的会合点,由于产生摄动的力 NM 和 ML 较大,上述诸推论中描述的误差总是略大于对点的误差。

推论 XIII. 由于上述诸推论中误差和变化的原因和比例与物体 S 的大小无关,所以即使物体 S 大到使二物体 P 和 T 的系统环绕它运动的上述情形也会发生。物体 S 的增大使其向心力增大,导致物体 P 的运动误差增大,也使在相同距离上所有误差都增大,在这种情形下,误差要大于物体 S 环绕物体 P 和 T 的系统运动的情形。

推论 XIV. 但是,当物体 S 极为遥远时,力 NM、ML 极其接近于正比于力 SK 以及 PT 与 ST 的比值;即,如果距离 PT 与物体 S 的绝对力二者都给定,反比于 ST^3;力 NM、ML 是前述各推论中所有误差和作用的原因;则如果物体 T 和 P 仍与先前相同,只改变距离 ST 和物体 S 的绝对力,所有这些作用都将极为接近于正比于物体 S 的绝对力,反比于距离 ST^3。所以,如果物体 P 和 T 的系统绕远物体 S 运动,则力 NM、ML 以及它们的作用,将(由命题 4 推论 II)反比于周期的平方。所以,如果物体 S 的大小正比于其绝对力,则力 NM、ML 及其作用,将正比于由 T 看远物体 S 的视在直径的立方;反之亦然。因为这些比值与上述复合比值相同。

推论 XV. 如果轨道 ESE、PAB 保持其形状比例及相互间夹角不变,而只改变其大小,且物体 S 和 T 的力或者保持不变,或者以任意给定比例变化,则这些力(即,物体 T 的力,它迫使物体 P 由直线运动进入轨道 PAB,以及物体 S 的力,它使物体 P 偏离同一轨道)总是以相同方式和相同比例起作用。因而,所有的作用都是相似而且是成比例的。这些作用的时间也是成比例的;即,所有的直线误差都比例于轨道直径,角误差保持不变;而相似直线误差的时间,或相等的角误差的时间,正比于轨道周期。

推论 XVI. 如果轨道图形和相互间夹角给定,而其大小、力以及物体的距离以任意方式变化,则我们可以由一种情形下的误差以及误差的时间非常近似地求出其他任意情形下的误差和误差时间。这可以由以下方法更简捷地求出。力 NM、ML 正比于半径 TP,其他条件均不变;这些力的周期作用(由引理 10 推论 Ⅱ)正比于力以及物体 P 的周期的平方。这正是物体 P 的直线误差;而它们到中心 T 的角误差(即回归点与交会点的运动,以及所有视在经度和纬度误差)在每次环绕中都极近似于正比于环绕时间的平方。令这些比值与推论 XIV 中的比值相乘,则在物体 T、P、S 的任意系统中,P 在非常接近处环绕 T 运动,而 T 在很远处环绕 S 运动,由中心 T 观察到的物体 P 的角误差在 P 的每次环绕中都正比于物体 P 的周期的平方,而反比于物体 T 的周期的平方。所以回归点的平均直线运动与交会点的平均运动有给定比值;因而这两种运动都正比于物体 P 的周期,反比于物体 T 的周期的平方。轨道 PAB 的偏心率和倾角的增大或减小对回归点和交会点的运动没有明显影响,除非这种增大或减小确乎为数极大。

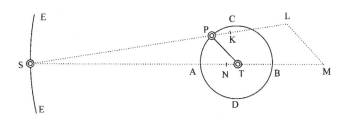

推论 XII. 由于直线 LM 有时大于,有时又小于半

径 PT,令 LM 的平均量由半径 PT 来表示:则该平均力比平均力 SK 或 SN(它也可以由 ST 来表示)等于长度 PT 比长度 ST。但使物体 T 维持其环绕 S 的轨道上的平均力 SN 或 ST 与使物体 P 维持在其环绕 T 的力的比值,等于半径 ST 与半径 PT 的比值,与物体 P 环绕 T 的周期的平方与物体 T 环绕 S 的周期的平方的比值的复合。因而,平均力 LM 比使物体 P 维持在其环绕 T 的轨道上的力(或使同一物体 P 在距离 PT 处关于不动点 T 做相同周期运动的力)等于周期的平方比值。因而周期给定,同时距离 PT、平均力 LM 也给定;而这个力给定,则由直线 PT 和 MN 的对比也可非常近似地得出力 MN。

推论 XIII. 利用物体 P 环绕物体 T 的相同规律,设许多流动物体在相同距离处环绕物体 T 运动;它们数目如此之多,以至于首尾相接,形成圆形流体圈,或圆环,其中心在物体 T;这个环的各个部分在与物体 P 相同的规律作用下,在距物体 T 更近处运动,并在它们自己以及物体 S 的会合点及其对点运动较快,而在方照点运动较慢。该环的交会点或它与物体 S 或 T 的轨道平面的

交点在朔望点静止;但在朔望点以外,它们将退行,或逆
行方向运动,在方照点时速度最大,而在其他处所较慢。
该环的倾角也变化,每次环绕中它的轴都摆动,环绕结
束时轴又回到原先的位置,唯有交会点的岁差使它做少
许转动。

推论 XIX. 设球体 T 包含若干非流体物体,被逐渐
扩张其边缘延伸到上述环处,沿球体边缘开挖一条注满
水的沟道;该球绕其自身的轴以相同周期匀速转动。则
水被交替地加速或减速(如前一推论那样),在朔望点速
度较快,方照点较慢,在沟道中像大海一样形成退潮和
涨潮。如果撤去物体 S 的吸引,则水流没有潮涌和潮
落,只沿球的静止中心环流。球做匀速直线运动,同时
绕其中心转动时与此情形相同(由运动定律推论 V),而
球受直线力均匀吸引时也与此情形相同(由运动定律推
论 VI)。但当物体 S 对它有作用时,由于吸引力的变化,
水获得新的运动;距该物体较近的水受到的吸引较强,
而较远的吸引较弱。力 LM 在方照点把水向下吸引,并
一直持续到朔望点;而力 KL 在朔望点向上吸引水,并
一直持续到方照点;在此,水的涌落运动受到沟道方向

的导引,以及些微的摩擦除外。

推论 XX. 设圆环变硬,球体缩小,则水的涌落运动停止;但环面的倾斜运动和交会点岁差不变。令球与环共轴,且旋转时间相同,球面接触环的内侧并连为整体;则球参与环的运动,而整体的摆动,交会点的退移一如我们所述,与所有作用的影响完全相同。当交会点在朔望点时,环面倾角最大。在交会点向方照点移动时,其影响使倾角逐渐减小,并在整个球运动中引入一项运动。球使该运动得以维持,直至环引入相反的作用抵消这一运动,并入相反方向的新的运动。这样,当交会点位于方照点时,使倾角减小的运动达到最大值,在该方照点后八分点处倾角有最小值;当交会点位于朔望点时,倾斜运动有最大值,在其后的八分点处斜角最大。对于没有环的球,如果它的赤道地区比极地地区略高或略密一些,则情形与此相同,因为赤道附近多出的物体取代了环的地位。虽然我们可以设球的向心力任意增大,使其所有部分像地球上各部分一样竖直向下指向中心,但这一现象与前述各推论却少有改变;只是水位最高和最低处有所不同;因为这时水不再靠向心力维系在其轨道内,而是靠它所沿着流动的沟道维系。此外,力LM 在方照点吸引水向下最强,而力 KL 或 NM－LM 在朔望点吸引水向上最强。这些力的共同作用使水在朔望点之前的八分点不再受到向下的吸引,而转为受到向上吸引;而在该朔望点之后的八分点不再受到向上的吸引,而转为向下的吸引。因此,水的最大高度大约发生在朔望点后的八分点,其最低高度大约发生在方照点之后的八分点;只是这些力对水面上升或下降的影响可能由于水的惯性,或沟道的阻碍而有些微推延。

推论 XXI.　同样的理由,球上赤道地区的过剩物质使交会点退移,因此这种物质的增多会使逆行运动增大,而减少则使逆行运动减慢,除去这种物质则逆行停止。因此,如果除去较过剩者更多的物质,即如果球的赤道地区比极地地区凹陷,或物质稀薄,则交会点将前移。

推论 XXII.　所以,由交会点的运动可以求出球的结构。即,如果球的极地不变,其(交会点的)运动逆行,则其赤道附近物体较多;如果该运动是前行的,则物质较少。设一均匀而精确的球体最初在自由空间中静止;由于某种侧面施加于其表面的推斥力使其获得部分转动和部分直线运动。由于该球相对于其通过中心的所有轴是完全相同的,对一个方向的轴比对另一任意轴没有更大的偏向性,则球自身的力绝不会改变球的转轴,或改变转轴的倾角。现在设该球如上述那样在其表面相同部分又受到一个新的推斥力的斜向作用,由于推斥力的作用不因其到来的先后而有所改变,则这两次先后到来的推斥力冲击所产生的运动与它们同时到达效果相同,即与球受到由这两者复合而成的单个力的作用而产生的运动相同(由运动定律推论Ⅱ),即产生一个关于给定倾角的轴的转动。如果第二次推斥力作用于第一次运动的赤道上任意其他处所,情形与此相同,而第一次推斥力作用在由第二次作用所产生的运动的赤道上的任意一点上的情形也与此完全相同;所以二次推斥力作用于任意处的效果均相同,因为它们产生的旋转运动与它们同时共同作用于由这两次冲击分别单独作用所产生的运动的赤道的交点上所产生的运动相同。所以,均匀而完美的球体并不存留几种不同的运动,而是将所有这些运动加以复合,化简为单一的运动,并总是尽其可能地绕一根给定的轴做单向匀速转动,轴的倾角总是维持不变。向心力不会改变轴的倾角,或转动的速度。因为如果设球被通过其中心的任意平面分为两个半球,向心力指向该中心,则该力总是同等地作用于这两个半球,所以不会使球关于其自身的轴的转动有任何倾向。但如果在该球的赤道和极地之间某处添加一堆像山峰一样的物质,则该堆物质通过其脱离运动中心的持续作用,干扰球体的运动,并使其极点在球面上游荡,关于其自身以及其对点运动画出圆形,极点的这种巨大偏移运动无法纠正,除非把此山移到二极之一,在此情形中,由推论 XXI,赤道的交会点顺行;或移至赤道地区,这种情形中,由推论 XX,交会点逆行;或者,最后一种方法,在轴的另一边加上另一座新的物质山堆,使其运动得到平衡;这样,交会点或是顺行,或是逆行,这要由山峰与新增的物质是近于极地或是近于赤道来决定。

球体的吸引力

命题 75　定理 35

如果加在已知球上的各点的向心力随到这些点的距离的平方而减小,则另一个相似的球也受到它的吸引,该力反比于两球心距离的平方。

因为,每个粒子的吸引反比于它到吸引球的中心的距离的平方(由命题 74),因而该吸引力如同出自一个位于该球心的小球。另一方面,该吸引力的大小等于该小球自身所受到的吸引,如同它受到被吸引球上各粒子以等于它吸引它们的力吸引它一样。而小球的吸引(由命题 74)反比于它到被吸引球的中心的距离的平方;所以,与之相等的球的吸引的比值相同。

证毕。

推论 I.　球对其他均匀球的吸引正比于吸引的球

除以它们的中心到被它们吸引的球心距离的平方。

推论Ⅱ.　被吸引的球也能吸引时情形相同。因为一个球上若干点吸引另一个球上若干点的力,与它们被后者吸引的力相同;由于在所有吸引作用中(由第三定律),被吸引的与吸引的点二者同等作用,吸引力由于它们的相互作用而加倍,而其比例保持不变。

推论Ⅲ.　在涉及物体关于圆锥曲线的焦点运动时,如果吸引的球位于焦点,物体在球外运动,则上述诸结论均成立。

推论Ⅳ.　如果环绕运动发生在球内,则仅有物体绕圆锥曲线的中心运动才满足上述结论。

命题 76　定理 36

如果若干球体(就其物质密度和吸引力而言)相互间由其中心到表面的同类比值完全不相似,但各球在其到中心给定距离处是相似的,而且各点的吸引力随其到被吸引物体的距离的平方而减小,则这些球体中的一个吸引其他球体的全部的力反比于球心距离的平方。

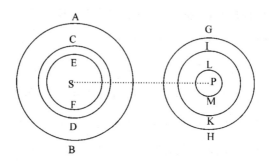

设若干同心相似球 AB、CD、EF,等等。其中最里面
的一个加上最外面的一个所包含的物质其密度大于球
心,或者减去球心处密度后余下同样稀薄的物质。则由
命题 75,这些球体将吸引其他相似的同心球 GH、IK、
LM 等,其中每一个对其他一个的吸引力反比于距离 SP
的平方。运用相加或相减方法,所有这些力的总和,或
者其中之一与其他的差,即整个球体 AB(包括所有其他
同心球或它们的差)的合力吸引整个球体 GH(包括所有
其他同心球或它们的差)也等于相同比值。令同心球数
目无限增加,使物质密度同时使吸引力在沿由球面到球
心的方向上按任意给定规律增减;并通过增加无吸引作
用的物质补足不足的密度,使球体获得所期望的任意形

状;而由前述理由,其中之一吸引其他球体的力同样反比于距离的平方。

证毕。

推论Ⅰ. 如果有许多此类的球,在一切方面相似,相互吸引,则每个球体对其他一个球体的加速吸引作用,在任意相等的中心距离处,都正比于吸引球体。

推论Ⅱ. 在任意不相等的距离处,正比于吸引球体除以二球心距离的平方。

推论Ⅲ. 一个球相对于另一个球的运动吸引,或二者间的相对重量,在相同的球心距离处,共同正比于吸引的与被吸引的球,即正比于这两个球的乘积。

推论Ⅳ. 在不同的距离处,正比于该乘积,反比于两球心距离的平方。

推论Ⅴ. 如果吸引作用由两个球相互作用产生,上述比例式依然成立。因为两个力的相互作用仅使吸引作用加倍,比例式保持不变。

推论Ⅵ. 如果这样的球绕其他静止的球转动,每个球绕另一个球转动,而且静止球与运动球心的距离正比于静止球的直径,则环绕周期相同。

推论Ⅶ. 如果周期相同,则距离正比于直径。

推论Ⅷ. 在绕圆锥曲线焦点的运动中,如果具有上述条件和形状的吸引球位于焦点上,上述结论成立。

推论Ⅸ. 如果具有上述条件的运动球也能吸引,结论依然成立。

受正比于速度平方的阻力作用的
物体运动

引　理　2

任一生成量(genitum)的瞬(moment)等于各生成边(generating sides)的瞬乘以这些边的幂指数,再乘以它们的系数,然后再求总和。

我称之为生成量的任意量,不是由若干分立部分相加或相减形成的,而是在算术上由若干项通过相乘、相除或求方根产生或获得的;在几何上则由求容积和边,或求比例外项和比例中项形成。这类量包括有乘积、商、根、长方形、正方形、立方体、边的平方和立方以及类似的量。在此,我把这些量看作是变化的和不确定的,可随连续的运动或流动增大或减小。所谓瞬,即指它们的瞬时增减;可以认为,呈增加时瞬为正值,呈减少时瞬为负值。但应注意这不包括有限小量。有限小量不是瞬,却正是瞬所产生的量。我们应把它们看作是有限的量所刚刚新生出的份额。在此引理中我们也不应将瞬的大小,而只应将瞬的初始比,看作是新生的。如果不用瞬,则可以用增加或减少(也可以称作量的运动、变化和流动)的速率,或相应于这些速率的有限量来代替,效果相同。所谓生成边的系数,指的是生成量除以该边所得到的量。

因此,本引理的含义是,如果任意量 A,B,C 等由于连续的流动而增大或减小,而它们的瞬或与它们相应的变化率以 a,b,c 来表示,则生成量 AB 的瞬或变化等于 aB$+b$A;容积 ABC 的瞬等于 aBC$+b$AC$+c$AB;而这些变量所产生的幂 A^2,A^3,A^4,$A^{\frac{1}{2}}$,$A^{\frac{3}{2}}$,$A^{\frac{1}{3}}$,$A^{\frac{2}{3}}$,A^{-1},A^{-2},$A^{-\frac{1}{2}}$ 的瞬分别为 $2a$A,$3a$$A^2$,$4a$$A^3$,$\frac{1}{2}a$$A^{-\frac{1}{2}}$,$\frac{3}{2}a$$A^{\frac{1}{2}}$,$\frac{1}{3}a$$A^{-\frac{2}{3}}$,$\frac{2}{3}a$$A^{-\frac{1}{3}}$,$-a$$A^{-2}$,$-2a$$A^{-3}$,$-\frac{1}{2}a$$A^{-\frac{3}{2}}$;

一般地,任意幂 $A^{\frac{n}{m}}$ 的瞬为 $\frac{n}{m}a$$A^{\frac{n-m}{m}}$。生成量 A^2B 的瞬

为 $2a\,\mathrm{AB}+b\,\mathrm{A}^2$;生成量 $\mathrm{A}^3\mathrm{B}^4\mathrm{C}^2$ 的瞬为 $3a\,\mathrm{A}^2\mathrm{B}^4\mathrm{C}^2+$ $4b\,\mathrm{A}^3\mathrm{B}^3\mathrm{C}^2+2c\,\mathrm{A}^3\mathrm{B}^4\mathrm{C}$;生成量 $\dfrac{\mathrm{A}^3}{\mathrm{B}^2}$ 或 $\mathrm{A}^3\mathrm{B}^{-2}$ 的瞬为 $3a\,\mathrm{A}^2\mathrm{B}^{-2}-2b\,\mathrm{A}^3\mathrm{B}^{-3}$;以此类推。

本引理可以这样证明:

情形 1. 任一矩形,如 AB,由于连续的流动而增大,当边 A 和 B 尚缺少其瞬的一半 $\dfrac{1}{2}a$ 和 $\dfrac{1}{2}b$ 时,等于 $\left(\mathrm{A}-\dfrac{1}{2}a\right)$ 乘以 $\left(\mathrm{B}-\dfrac{1}{2}b\right)$,或者 $\mathrm{AB}-\dfrac{1}{2}a\,\mathrm{B}-\dfrac{1}{2}b\,\mathrm{A}+\dfrac{1}{4}ab$;而当边 A 和 B 长出半个瞬时,乘积变为 $\left(\mathrm{A}+\dfrac{1}{2}a\right)$ 乘以 $\left(\mathrm{B}+\dfrac{1}{2}b\right)$,或者 $\mathrm{AB}+\dfrac{1}{2}a\,\mathrm{B}+\dfrac{1}{2}b\,\mathrm{A}+\dfrac{1}{4}ab$。将此乘积减去前一个乘积,余下差 $a\,\mathrm{B}+b\,\mathrm{A}$。所以当变量增加 a 和 b 时,乘积增加 $a\,\mathrm{B}+b\,\mathrm{A}$。

证毕。

情形 2. 设 AB 恒等于 G,则容积 ABC 或 CG(由情形 1)的瞬为 $g\,\mathrm{C}+c\,\mathrm{G}$,即(以 AB 和 $a\,\mathrm{B}+b\,\mathrm{A}$ 代替 G 和 g),$a\,\mathrm{BC}+b\,\mathrm{AC}+c\,\mathrm{AB}$。不论容积有多少个边,瞬的求法与此相同。

证毕。

情形 3. 设变量 A,B 和 C 恒相等;则 A^2,即乘积 AB 的瞬 $aB+bA$ 变为 $2aA$;而 A^3,即容积 ABC 的瞬 $aBC+bAC+cAB$ 变为 $3aA^2$。同样地,任意幂 A^n 的瞬是 naA^{n-1}。

证毕。

情形 4. 由于 $\dfrac{1}{A}$ 乘以 A 是 1,则 $\dfrac{1}{A}$ 的瞬乘以 A,再加上 $\dfrac{1}{A}$ 乘以 a,就是 1 的瞬,即等于零。所以,$\dfrac{1}{A}$,或 A^{-1} 的瞬是 $\dfrac{-a}{A^2}$。一般地,由于 $\dfrac{1}{A^n}$ 乘 A^n 等于 1,$\dfrac{1}{A^n}$ 的瞬乘以 A^n 再加上 $\dfrac{1}{A^n}$ 乘以 naA^{n-1} 等于零。所以 $\dfrac{1}{A^n}$ 或 A^{-n} 的瞬是 $-\dfrac{na}{A^{n+1}}$。

证毕。

情形 5. 由于 $A^{\frac{1}{2}}$ 乘以 $A^{\frac{1}{2}}$ 等于 A,$A^{\frac{1}{2}}$ 的瞬乘以 $2A^{\frac{1}{2}}$ 等于 a(由情形 3);所以,$A^{\frac{1}{2}}$ 的瞬等于 $\dfrac{a}{2A^{\frac{1}{2}}}$ 或 $\dfrac{1}{2}aA^{-\frac{1}{2}}$。推而广之,令 $A^{\frac{m}{n}}$ 等于 B,则 A^m 等于 B^n,所以

$ma\,\mathrm{A}^{m-1}$ 等于 $nb\,\mathrm{B}^{n-1}$，$ma\,\mathrm{A}^{-1}$ 等于 $nb\,\mathrm{B}^{-1}$，或 $nb\,\mathrm{A}^{-\frac{m}{n}}$；

所以 $\dfrac{m}{n}a\,\mathrm{A}^{\frac{n-m}{n}}$ 等于 b，即等于 $\mathrm{A}^{\frac{m}{n}}$ 的瞬。

证毕。

情形 6. 所以，生成量 $\mathrm{A}^{m}\mathrm{B}^{n}$ 的瞬等于 A^{m} 的瞬乘以 B^{n}，再加上 B^{n} 的瞬乘以 A^{m}，即 $ma\,\mathrm{A}^{m-1}\mathrm{B}^{n}+nb\,\mathrm{B}^{n-1}\mathrm{A}^{m}$；不论幂指数 m 和 n 是整数还是分数，是正数还是负数，对于更高次幂也是如此。

证毕。

推论Ⅰ. 对于连续正比的量，如果其中一项已知，则其余项的变化率正比于该项乘以该项与已知项间隔项数。令 A、B、C、D、E、F 连续正比；如果 C 为已知，则其余各项的瞬之间的比为 $-2\mathrm{A}$、$-\mathrm{B}$、D、$2\mathrm{E}$、$3\mathrm{F}$。

推论Ⅱ. 如果在四个正比量里两个中项为已知，则端项的变化率正比于该端项。这同样适用于已知乘积的变量。

推论Ⅲ. 如果已知两个平方的和或差，则边的瞬反比于该边。

流体的圆运动

命题 52　定理 40

如果在均匀无限流体中，固体球绕一已知的方向的轴均匀转动，流体只受这种球体的冲击而转动；且流体各部分在运动中保持均匀；则流体各部分的周期正比于它们到球心的距离。

情形 1.　令 AFL 为绕轴 S 均匀转动的球，共心圆 BGM、CHN、DIO、EKP 等把流体分为无数个等厚的共心球层。设这些球层是固体的。因为流体是均匀的，邻接球层间的压力（由前提）正比于相互间的移动以及受该压力的邻接表面。如果任一球层对其内侧的压力大于或小于对外侧的压力，则较大的压力将占优势，使球层的速度被加速或减速，这取决于该力与球层运动方向一致或相反。所以每一球层都保持其均匀运动，其必要

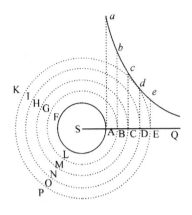

条件是球层两侧压力相等,方向相反。所以,由于压力正比于邻接表面,还正比于相互间的移动,而移动又反比于表面,即反比于表面到球心距离的平方。但关于轴的角运动差正比于移动除以距离,或正比于移动反比于距离;即,将这些比式相乘,反比于距离的立方。所以,如果在无限直线 SABCDEQ 的不同部分作垂线 A*b*、B*b*、C*c*、D*d*、E*e* 等,反比于差的和 SA、SB、SC、SD、SE 等即全部角运动的立方,则将正比于对应线段 A*a*、B*b*、C*c*、D*d*、E*e* 等的和,即(如果使球层数无限增加,厚度无限减小,构成均匀流体介质),正比于相似于该和的双曲线面

积 AaQ、BbQ、CcQ、DdQ、EeQ 等;其周期则反比于角
运动,还反比于这些面积。所以,任意球层 DIO 的周期
时间反比于面积 DdQ,即(由已知求面积法),正比于距
离 SD 的平方。这正是首先要证明的。

情形 2. 由球心作大量无限长直线,它们与轴所成
角为给定的,相互间的差相等;设这些直线绕轴转动,球
层被分割为无数圆环;则每一个圆环都有四个圆环与它
邻接,即,其内侧一个,外侧一个,两边还各有一个。现
在,这些圆环不能受到相等的力推动,内环与外环的摩
擦方向相反,除非运动的传递按情形 1 所证明的规律进
行。这可以由上述证明得出。所以,任意一组由球沿直
线向外延伸的圆环,都将按情形 1 的规律运动,除非设
它受到两边圆环的摩擦。但根据该规律,运动中不存在
这种情况,所以不会阻碍圆环按该规律运动。如果到球
的距离相等的圆环在极点的转动比在黄道点快或慢,则
如果慢,相互摩擦使其加速,而如果快,则使其减速;致
使周期时间逐渐趋于相等,这可以由情形 1 推知。所以
这种摩擦完全不阻碍运动按情形 1 的规律进行,因此该
规律是成立的;即不同圆环的周期时间正比于它们到球

心的距离的平方。这是要证明的第二点。

情形 3. 现设每个圆环又被横截面分割为无数构成绝对均匀流体物质的粒子；因为这些截面与圆运动规律无关，只起产生流体物质的作用，圆运动规律将像从前一样维持不变。所有极小的圆环都不因这些截面而改变其大小和相互摩擦，或都有相同的变化。所以，原因的比例不变，效果的比例也保持不变；即，运动与周期时间的比例不变。

证毕。

如果由此而产生的正比于圆运动的向心力，在黄道点大于极点，则必定有某种原因发生作用，把各粒子维系在其轨道上；否则在黄道上的物质总是飞离中心，并在涡旋外侧绕极点转动，再由此以连续环绕沿轴回到极点。

推论Ⅰ. 因此流体各部分绕球轴的角运动反比于到球心的距离的平方，其绝对速度反比于同一平方除以到轴的距离。

推论Ⅱ. 如果球体在相似而无限的且匀速运动的静止流体中绕位置给定的轴均匀转动，则它传递给流体的转动运动类似于涡旋的运动,该运动将向无限逐渐传播;并且,该运动将在流体各部分中逐渐增加,直到各部分的周期时间正比于到球的距离的平方。

推论Ⅲ. 因为涡旋内部由于其速度较大而持续压迫并推动外部,并通过该作用把运动传递给它们,与此同时,外部又把相同的运动量传递给更远的部分,并保持其运动量持续不变,不难理解该运动逐渐由涡旋中心向外围转移,直到它相当平复并消失于其周边无限延伸的边际。任意两个与该涡旋共心的球面之间的物质绝不会被加速;因为这些物质总是把它由靠近球心处所得到的运动传递给靠近边缘的物质。

推论Ⅳ. 所以,为了维持涡旋的相同运动状态,球体需要从某种动力来源获得与它连续传递给涡旋物质的相等的运动量。没有这一来源,不断把其运动向外传递的球体和涡旋内部,无疑将逐渐地减慢运动,最后不再旋转。

推论Ⅴ. 如果另一只球在距中心某距离处漂浮,并在同时受某力作用绕一给定的倾斜轴匀速转动,则该球将激起流体像涡旋一样地转动;起初这个新的小涡旋将与其转动球一同绕另一中心转动;同时它的运动传播得越来越远,逐渐向无限延伸,方式与第一个涡旋相同。出于同样原因,新涡旋的球体被卷入另一个涡旋的运动,而这另一个涡旋的球又被卷入新涡旋的运动,使得两只球都绕某个中间点转动,并由于这种圆运动而相互远离,除非有某种力维系着它们。此后,如果使二球维持其运动的不变作用力中止,则一切将按力学规律运动,球的运动将逐渐停止(由推论Ⅲ和推论Ⅳ谈到的原因),涡旋最终将完全静止。

推论Ⅵ. 如果在给定处所的几只球以给定速度绕位置已知的轴均匀转动,则它们激起同样多的涡旋并伸展至无限。因为根据与任意一个球把其运动传向无限远处的相同的道理,每个分离的球都把其运动向无限远传播;这使得无限流体的每一部分都受到所有球的运动的作用而运动。所以各涡旋之间没有明确分界,而是逐渐相互介入;而由于涡旋的相互作用,球将逐渐离开其原先位置,正如前一推论所述;它们相互之间也不可能维持一确定的位置关系,除非有某种力维系着它们。但如果持续作用于球体使之维持运动的力中止,涡旋物质

(由推论Ⅲ和推论Ⅳ中的理由)将逐渐停止,不再做涡旋运动。

推论Ⅶ. 如果类似的流体盛贮于球形容器内,并由于位于容器中心处的球的均匀转动而形成涡旋;球与容器关于同一根轴同向转动,周期正比于半径的平方:则流体各部分在其周期实现正比于到涡旋中心距离的平方之前,不会做既不加速亦不减速的运动。除了这种涡旋,由其他方式构成的涡旋都不能持久。

推论Ⅷ. 如果这个盛有流体和球的容器保持其运动,此外还绕一给定轴做共同角运动转动,则因为流体各部分间的相互摩擦不由于这种运动而改变,各部分之间的运动也不改变;因为各部分之间的移动决定于这种摩擦。每一部分都将保持这种运动,来自一侧阻碍它运动的摩擦等于来自另一侧加速它运动的摩擦。

推论Ⅸ. 所以,如果容器是静止的,球的运动为已知,则可以求出流体运动。因为设一平面通过球的轴,并作反方向运动;设该转动与球转动时间的和比球转动时间等于容器半径的平方比球半径的平方;则流体各部分相对于该平面的周期时间将正比于它们到球心距离的平方。

推论Ⅹ. 所以,如果容器关于球相同的轴运动,或以已知速度绕不同的轴运动,则流体的运动也可以求知。因为,如果由整个系统的运动中减去容器的角运动,由推论Ⅷ知,则余下的所有运动保持相互不变,并可以由推论Ⅺ求出。

推论Ⅺ. 如果容器与流体是静止的,球以均匀运动转动,则该运动将逐渐由全部流体传递给容器,容器则被它带动而转动,除非它被固定住;流体和容器则被逐渐加速,直到其周期时间等于球的周期时间。如果容器受某力阻止或受不变力均匀运动,则介质将逐渐地趋近于推论Ⅷ、推论Ⅸ、推论Ⅹ所讨论的运动状态,而绝不会维持在其他状态。但如果这种使球和容器以确定运动转动的力中止,则整个系统将按力学规律运动,容器和球体在流体的中介作用下,将相互作用,不断把其运动通过流体传递给对方,直到它们的周期时间相等,整个系统像一个固体一样地运动。

附　　注

以上所有讨论中，我都假定流体由密度和流体性均匀的物质组成；我所说的流体是这样的，不论球体置于其中何处，都可以以其自身的相同运动，在相同的时间间隔内，向流体内相同距离连续传递相似且相等的运动。物质的圆运动使它倾向于离开涡旋轴，因而压迫所有在它外面的物质。这种压力使摩擦增大，各部分的分离更加困难；导致物质流动性的减小。又，如果流体位于任意一处的部分密度大于其他部分，则该处流体性减小，因为此处能相互分离的表面较少。在这些情形中，我假定所缺乏的流体性为这些部分的润滑性或柔软性，或其他条件所补足；否则流体性较小处的物质将联结更紧，惰性更大，因而获得的运动更慢，并传播得比上述比值更远。如果容器不是球形的，粒子将不沿圆周而是沿对应于容器外形的曲线运动；其周期时间将近似于正比于到中心的平均距离的平方。在中心与边缘之间，空间较宽处运动较慢，而较窄处较快；否则，流体粒子将由于其速度较快而不再趋向边缘;因为它们掠过的弧线曲率较小,离开中心的倾向随该曲率的减小而减小,其程度与随速度的增加而增加相同。当它们由窄处进入较宽空间时,稍稍远离了中心,但同时也减慢了速度;而当它们离开较宽处而进入较窄空间时,又被再次加速。因此每个粒子都被反复减速和加速。这正是发生在坚硬容器中的情形;至于无限流体中的涡旋的状态,已在本命题推论Ⅵ中熟知。

我之所以在本命题中研究涡旋的特性,目的在于想了解天体现象是否可以通过它们做出解释。这些现象是这样的,卫星绕木星运行的周期正比于它们到木星中心距离的 $\frac{3}{2}$ 次幂;行星绕太阳运行也遵从相同的规律。就已获得的天文观测资料来看,这些规律是高度精确的。所以如果卫星和行星是由涡旋携带绕木星和太阳运转的,则涡旋必定也遵从这一规律。但我们在此发现,涡旋各部分周期正比于到运动中心距离的平方;该比值无法减小并化简为 $\frac{3}{2}$ 次幂,除非涡旋物质距中心越远其流动性越大,或流体各部分缺乏润滑性所产生的阻

力(正比于使流体各部分相互分离的行进速度),以大于
速度增大比率的比率增大。但这两种假设似乎是不合
理的。粗糙而流动着的部分若不受中心的吸引,必倾向
于边缘。在本章开头,我虽然为了证明的方便,曾假设
阻力正比于速度,但实际上,阻力与速度的比很可能小
于这一比值;有鉴于此,涡旋各部分的周期将大于与到
中心距离平方的比值。如果像某些人所设想的那样,涡
旋在近中心处运动较快,在某一界限处较慢,而在近边
缘处又较快,则不仅得不到 $\frac{3}{2}$ 次幂关系,也得不到其他
任何确定的比值关系。还是让哲学家去考虑怎样由涡
旋来说明 $\frac{3}{2}$ 次幂的现象吧!

哲学中的推理规则

规 则 Ⅰ

寻求自然事物的原因,不得超出真实和足以解释其现象者。

为达此目的,哲学家们说,自然不做徒劳的事,解释多了白费口舌,言简意赅才见真谛;因为自然喜欢简单性,不会响应于多余原因的侈谈。

规 则 Ⅱ

因此对于相同的自然现象,必须尽可能地寻求相同的原因。

例如,人与野兽的呼吸,欧洲与美洲的石头下落,炊事用火的光亮与阳光,地球反光与行星反光。

规　则　Ⅲ

物体的特性,若其程度既不能增加也不能减少,且在实验所及范围内为所有物体所共有;则应视为一切物体的普遍属性。

因为,物体的特性只能通过实验为我们所了解。我们认为是普适的属性只能是实验上普适的;只能是既不会减少又绝不会消失的。我们当然不会因为梦幻和凭空臆想而放弃实验证据,也不会背弃自然的相似性,这种相似性应是简单的,首尾一致的。我们无法逾越感官而了解物体的广延,也无法由此而深入物体内部;但是,因为我们假设所有物体的广延是可感知的,所以也把这一属性普遍地赋予所有物体。我们由经验知道许多物体是硬的,而全体的硬度是由部分的硬度所产生的,所以我们恰当地推断,不仅我们感知的物体的粒子是硬的,而且所有其他粒子都是硬的。说所有物体都是不可穿透的,这不是推理而来的结论,而是感知的。我们发现拿着的物体是不可穿透的,由此推断出不可穿透性是一切物体的普遍性质。说所有物体都能运动,并赋予它们在运动时或静止时具有某种保持其状态的能力(我们称之为惯性),只不过是由我们曾见到过的物体中所发现的类似特性而推断出来的。全体的广延、硬度、不可穿透性、可运动性和惯性,都是由部分的广延、硬度、不可穿透性、可运动性和惯性所造成的;因而我们推断所有物体的最小粒子也都具有广延、硬度、不可穿透性、可运动性,并赋予它们以惯性性质。这是一切哲学的基础。此外,物体分离的但又相邻接的粒子可以相互分开,是观测事实;在未被分开的粒子内,我们的思维能区分出更小的部分,正如数学所证明的那样。但如此区分开的以及未被分开的部分,能否确实由自然力分割并加以分离,我们尚不得而知。

　　然而,只要有哪怕是一例实验证明,由坚硬的物体上取下的任何未分开的小粒子被分割开来了,我们就可以沿用本规则得出结论,已分开的和未分开的粒子实际上都可以分割为无限小。最后,如果实验和天文观测普遍发现,地球附近的物体都被吸引向地球,吸引力正比于物体所各自包含的物质;月球也根据其物质量被吸引

向地球;而另一方面,我们的海洋被吸引向月球;所有的
行星相互吸引;彗星以类似方式被吸引向太阳;则我们
必须沿用本规则赋予一切物体以普遍相互吸引的原理。
因为一切物体的普遍吸引是由现象得到的结论,它比物
体的不可穿透性显得有说服力;后者在天体活动范围内
无法由实验或任何别的观测手段加以验证。我肯定重
力不是物体的基本属性;我说到固有的力时,只是指它
们的惯性,这才是不会变更的。物体的重力会随其远离
地球而减小。

规　则　Ⅳ

在实验哲学中,我们必须将由现象所归纳出的命题
视为完全正确的或基本正确的,而不管想象所可能得到
的与之相反的种种假说,直到出现了其他的或可排除这
些命题,或可使之变得更加精确的现象之时。

我们必须遵守这一规则,使假说不脱离现象归纳出
的结论。

现　　象

现　象　Ⅰ

木星的卫星,由其伸向木星中心的半径所掠过的面积,正比于运行时间;设恒星静止不动,则它们的周期时间正比于到其中心距离的$\frac{3}{2}$次幂。

这是天文观测事实。因为这些卫星的轨道虽然不是与木星共心的圆,但却相差无几;它们在这些圆上的运动是均匀的。所有天文学家都公认木卫星的周期时间正比于其轨道半径的$\frac{3}{2}$次幂;下表也证实了这一点。

木星卫星的周期

1 天 18 小时 27 分 34 秒,3 天 13 小时 13 分 42 秒,7 天 3 小时 42 分 36 秒,16 天 16 小时 32 分 9 秒。

卫星到木星中心的距离

	1	2	3	4	
波莱里①的观测	$5\frac{2}{3}$	$8\frac{2}{3}$	14	$24\frac{2}{3}$	木星半径
唐利②用千分仪的观测	5.52	8.78	13.47	24.72	
卡西尼③用望远镜的观测	5	8	13	23	
卡西尼通过卫星交食的观测	$5\frac{2}{3}$	9	$14\frac{23}{60}$	$25\frac{3}{10}$	
由周期时间推算	5.667	9.017	14.384	25.299	

庞德先生曾使用最精确的千分仪按下述方法测出木星直径及其卫星的距角。他用15英尺长的望远镜中的千分仪,在木星到地球的平均距离上,测出木卫四到木星的最大距角大约为8′16″。

木卫三的距角用123英尺长望远镜中的千分仪测出,在木星到地球的同一个距离上,该距角为4′42″。在木星到地球的同一个距离上,由其周期时间推算出另两

---

① Borelli(1608—1679),意大利天文学家、生理学家、数学家,最先提出彗星沿抛物线运动(1665)。——译者注

② Townly,Richard(1625—1707),英国自然哲学家,曾对千分仪做出重大改进。——译者注

③ Cassimi,G. D.(1625—1712),法国天文学家,为巴黎天文台首任台长。——译者注

个卫星的最大距角为 $2'56''47'''$ 和 $1'51''6'''$。

木星的直径由 123 英尺望远镜的千分仪测量过多次,在木星到地球的平均距离上,它总是小于 $40''$,但从未小于 $38''$,一般为 $39''$。在较短的望远镜内为 $40''$ 或 $41''$;因为木星的光由于光线折射率的不同而略有扩散,该扩散与木星直径的比,在较长较完善的望远镜中较小,而在较短性能差些的镜中较大。还用长望远镜观测过木卫一和木卫三两星通过木星星体时间,从初切开始到终切开始以及从初切结束到终切结束。由木卫一通过木星来看,在其到地球的平均距离上,木星直径为 $37\frac{1}{8}''$,而由木卫三则给出 $37\frac{3}{8}''$。还观测过木卫一的阴影通过木星的时间,由此得出木星在其到地球的平均距离上直径为约 $37''$。我们设木星直径极为近似于 $37\frac{1}{4}''$,则木卫一、木卫二、木卫三和木卫四的距角分别为木星半径的 5.965,9.494,15.141 和 26.63。

现 象 Ⅱ

土星卫星伸向土星中心的半径,所掠过的面积正比

于运行时间;设恒星静止不动,则它们的周期时间正比

于它们到土星中心距离的 $\frac{3}{2}$ 次幂。

因为,正如卡西尼由其本人的观测所推算的,卫星到土星中心的距离与它们的周期时间如下:

土星卫星的周期时间

1 天 21 小时 18 分 27 秒,2 天 17 小时 41 分 22 秒,4 天 12 小时 25 分 12 秒,15 天 22 小时 41 分 14 秒,79 天 7 小时 48 分 00 秒。

卫星到土星中心的距离(按半径计算)

观测值	$1\frac{19}{20}$	$2\frac{1}{2}$	$3\frac{1}{2}$	8	24
由周期推算值	1.93	2.47	3.45	8	23.35

一般由观测推算出土卫四到土星中心的最大距角非常近似于其半径的八倍。但用装在惠更斯先生精度极高的 123 英尺望远镜中的千分仪发现,该卫星到土星中心的最大距角为其半径的 $8\frac{7}{10}$ 倍。由此观测与周期推算卫星到土星中心的距离为土星环半径的 2.1,2.69,3.75,8.7 和 25.35 倍。同一望远镜观测到土星直径比

环直径等于3∶7;1719年5月28—29日,测得土星环
直径为43″。因此,当土星处于到地球的平均距离上时,
环直径为42″,土星直径为18″。这些结果是在极长的高
精度望远镜中测出的,因为在这样的望远镜中,天体的
像与像边缘的光线扩散比值较大,因在较短的望远镜中
该值较小。所以,如果排除所有的虚光,土星的直径将
不大于16″。

现　象　Ⅲ

五个行星,水星、金星、火星、木星和土星,在其各自
的轨道上环绕太阳运转。

水星与金星绕太阳运行,可以由它们像月球一样的
盈亏证明。当它们呈满月状时,相对于我们而言高于或
远于太阳;当它们呈亏状时,处于太阳的一侧或另一侧
相同高度上;当它呈新月状时,则低于我们或在我们与
太阳之间;有时它们直接处于太阳之下,看上去像通过
太阳表面的斑点。火星在与太阳的会合点附近时呈满
月状,在方照点时呈凸月状,这表明它绕太阳运转。木

星和土星也同样绕太阳运动,它们出现于所有位置上;因为卫星的阴影时常出现在它们的表面上,这表明它们的光亮不是自己发出的,而是借自太阳。

现　象　Ⅳ

设恒星静止不动,则五个行星,以及地球环绕太阳(或太阳环绕地球)的周期,正比于它们到太阳平均距离的 $\frac{3}{2}$ 次幂。

这个比率最先由开普勒发现,现已为所有天文学家接受。因为无论是太阳绕地球转,还是地球绕太阳转,周期时间是不变的,轨道尺度也是不变的。至于周期时间的测量,所有天文学家都是一致的。但在轨道尺度方面,开普勒和波里奥[①]的观测推算比所有其他天文学家都精确;对应于周期值的平均距离与它们的预期值不同,但相差无几,而且绝大部分介于它们之间;如下表所示。

---

① Boulliau,Ismael(1605—1694),法国数学家、天文学家。——译者注

行星和地球绕太阳运动周期时间,按天计算,太阳保持静止。①

♄	♃	♂
10759.275	4332.514	686.9785
♁	♀	☿
365.2565	224.6176	87.9692

行星与地球到太阳的平均距离

	♄	♃	♂
开普勒的结果	951000	519650	152350
波里奥的结果	954198	522520	152350
按周期计算结果	954006	520096	152369
	♁	♀	☿
开普勒的结果	100000	72400	38806
波里奥的结果	100000	72398	38585
按周期计算结果	100000	72333	38710

水星与金星到太阳的距离是无可怀疑的;因为它们是由行星到太阳的距角推算出的;至于地球以外的行星

---

① 近代天文学家用符号表示行星：♄表示土星;♃表示木星;♂表示火星;♁表示地球;♀表示金星;☿表示水星。——译者注

的距离,有关的争论都已被木星卫星的交食所平息。因为通过交食可以确定木星投影的位置;由此即可求出木星的日心经度长度。再通过比较其日心经度长度与地心经度长度,即可求出其距离。

现　象　Ⅴ

　　行星伸向地球的半径,所掠过的面积不与时间成正比;但它们伸向太阳的半径所掠过的面积正比于运行时间。

　　因为相对于地球而言,它们有时顺行,有时驻留,有时逆行。但从太阳看上去,它们总是顺行的,其运动接近于匀速,也就是说,在近日点稍快,远日点稍慢,因而能保持掠过面积的相等性。这在天文学家中是人所共知的命题,尤其是可以由木星卫星的交食加以证明;前面已经指出,通过这些交食,可以确定木星的日心经度长度以及它到太阳的距离。

现　象　Ⅵ

月球伸向地球中心的半径所掠过的面积正比于运行时间。

这可以由将月球的视在运动与其直径相比较得出。月球的运动确实略受太阳作用的干扰,但误差小而且不明显,我在罗列诸现象时予以忽略。

命　题

命题 8　定理 8

在两个相互吸引的球体内,如果到球心相等距离处的物质是相似的,则一个球相对于另一个球的引力反比于二球的距离的平方。

我在发现指向整个行星的引力由指向其各部分的引力复合而成,而且指向其各部分的引力反比于到该部分距离的平方之后,仍不能肯定,在合力由如此之多的分力组成的情况下,究竟距离的平方反比关系是精确成立,还是近似如此;因为有可能这一在较大距离上足以精确成立的比例关系在行星表面附近时会失效,在该处粒子间距离不相等,而且位置也不相似。但借助于第一编命题 75 和命题 76 及其推论,我最终满意地证明了本命题的真实性,如我们现在所看到的。

推论Ⅰ. 由此我们可以求出并比较各物体相对于不同行星的重量;因为沿圆轨道绕行星转动的物体的重量(由第一编命题 4 推论Ⅱ)正比于轨道直径反比于周期的平方;而它们在行星表面,或在距行星中心任意远处的重量(由本命题)将反比于距离的平方而变大或变小。金星绕太阳运动周期为 224 天 16 $\frac{3}{4}$ 小时;木卫四绕木星运动周期为 16 天 16 $\frac{8}{15}$ 小时;惠更斯卫星绕土星运动周期为 15 天 22 $\frac{2}{3}$ 小时;而月球绕地球运动周期为 27 天 7 小时 43 分。将金星到太阳的平均距离与木卫四到木星中心的最大距角 $8'16''$,惠更斯卫星到土星中心距角 $3'4''$,月球到地球距角 $10'33''$ 做一比较,通过计算,我发现相等物体在到太阳、木星、土星和地球的中心相等距离处,其重量之间的比分别等于 1, $\frac{1}{1067}$, $\frac{1}{3021}$ 和 $\frac{1}{169282}$。因为随着距离的增大或减小,重量按平方关系减小或增大,相等的物体相对于太阳、木星、土星和地球的重量,在到它们的中心距离为 10000,997,791 和 109 时,即物体刚好在它们的表面上时,分别正比于 10000,

943,529 和 435。这一重量在月球表面上为多少,将在以后求出。

推论Ⅱ. 用类似方法可以求出各行星物质的量;因为它们的物质的量在到其中心距离相等处正比于引力;即,在太阳、木星、土星和地球上,分别正比于 1,$\frac{1}{1067}$,$\frac{1}{3021}$ 和 $\frac{1}{169282}$。如果太阳视差大于或小于 $10''30'''$,则地球的物质量必定正比于该比值的立方增大或减小。

推论Ⅲ. 我们也可以求出行星的密度;因为(由第一编命题 72)相等且相似的物体相对于相似球体的重量,在该球体表面上,正比于球体直径;因而相似球体的密度正比于该重量除以球直径。而太阳、木星、土星和地球直径相互间的比为 10000,997,791 和 109;指向它们的重量比分别为 10000,943,529 和 435;所以,它们的密度比为 100,94 $\frac{1}{2}$,67 和 400。在此计算中,地球密度并不取决于太阳视差,而是由月球视差求出的,因此是可靠的。所以,太阳密度略大于木星;木星大于土星;而地球密度是太阳的四倍,因为太阳很热,处于一种稀薄状态。以后将会看到,月球密度大于地球。

推论Ⅳ. 其他条件不变时,行星越小,其密度即按比率越大;因为这样可以使它们各自的表面引力近于相等。类似地,在其他条件相同时,它们距太阳越近,密度越大,所以木星密度大于土星,而地球大于木星;因为各行星被分置于到太阳不同距离处,使得它们按其密度的程度,享受太阳热量的较大或较小比例。地面上的水,如果送到土星轨道的地方,则会变为冰,而在水星轨道处,则会变为蒸汽而飞散;因为正比于太阳热的阳光,在水星轨道处是我们的七倍,我曾用温度计发现,七倍于夏日阳光的热会使水沸腾。毋庸置疑,水星物质必定适应其热度,因此其密度大于地球物质;对于较密的物质,自然的作用需要更强的热。

命题 20 问题 4

求地球上不同区域处物体的重量并加以比较。

因为在不等长管道段中的水 ACQqca 的重量相等,各部分的重量正比于整段的重量,且位置相似者,相互间重量比等于总重量比,因而它们的重量相等;在各段

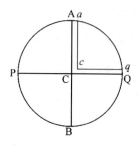

中位置相似的相等部分,其重量的比等于管道长的反
比,即反比于 230∶229。这种情形适用于所有与管道中
的水位置相似的均匀相等的物体。它们的重量反比于
管长,即反比于物体到地心的距离。所以,如果物体置
于管道最顶端,或置于地球表面上,则它们的重量的比
等于它们到地心距离的反比。由同样理由,置于地球表
面任意其他处所的物体,其重量反比于到地球中心的距
离。所以,只要假设地球是椭球体,该比值即已给定。

处所纬度	摆 长		每度子午线长度	处所纬度	摆 长		每度子午线长度
(度)	(尺)	(分)	(托瓦兹)	(度)	(尺)	(分)	(托瓦兹)
0	3	7.468	56637	6	3	8.461	57022
5	3	7.482	56642	7	3	8.494	57035

处所纬度	摆　长		每度子午线长度	处所纬度	摆　长		每度子午线长度
（度）	（尺）	（分）	（托瓦兹）	（度）	（尺）	（分）	（托瓦兹）
10	3	7.526	56659	8	3	8.528	57048
15	3	7.596	56687	9	3	8.561	57061
20	3	7.692	56724	50	3	8.594	57074
25	3	7.812	56769	55	3	8.756	57137
30	3	7.948	56823	60	3	8.907	57196
35	3	8.099	56882	65	3	9.044	57250
40	3	8.261	56945	70	3	9.162	57295
1	3	8.294	56958	75	3	9.258	57332
2	3	8.327	56971	80	3	9.329	57360
3	3	8.361	56984	85	3	9.372	57377
4	3	8.394	56997	90	3	9.387	57382
45	3	8.428	57010				

由此即得到定理，由赤道移向两极的物体其重量增加近似正比于二倍纬度的正矢。或者，与之等价地，正比于纬度正弦的平方；而子午线上纬度弧长也大致按相同比例增大。所以，由于巴黎纬度为 $48°50'$，赤道纬度

为 00°00′,两极纬度为 90°;这些弧的二倍的正矢为 11334;00000 和 20000,半径为 10000;极地引力比赤道引力为 230∶229;极地引力的出超比赤道引力等于 1∶229;巴黎纬度的引力出超比赤道引力为 $1 \cdot \frac{11334}{20000}$∶229,或等于 5667∶2290000。所以,该处总引力比另一处总引力等于 2295667∶2290000。所以,由于时间相等的摆长正比于引力,在巴黎纬度上秒摆摆长为 3 巴黎尺又 $8\frac{1}{2}$ 分,或考虑到空气的重量,为 3 尺又 $8\frac{5}{9}$ 分,而在赤道,时间相同的摆长要短 1.087 分。用类似的计算可制成下表。

此表表明,每度子午线长的不均匀性极小,因而在地理学上可把地球形状视为球形;如果地球密度在赤道平面附近略大于两极处的话,则尤其如此。

今天,有些到遥远的国家做天文观测的天文学家发现,摆钟在赤道附近的确比在我们这里走得慢些。首先是在 1672 年,M. 里歇尔①在凯恩岛(island of Cayenne)

①　M. Richer(1630—1696),法国天文学家、物理学家。——译者注

注意到了这一点;当时是 8 月份,他正观测恒星沿子午线的移动,他发现他的摆钟相对于太阳的平均运动每天慢 2 分 28 秒。于是他制作了一只时间为秒的单摆,用一只优良的钟校准,并测量该单摆的长度;在整整 10 个月里他坚持每星期测量。回到法国后,他把这只摆的长度与巴黎的摆长(长 3 巴黎尺又 $8\frac{3}{5}$ 分)做了比较,发现它短了 $1\frac{1}{4}$ 分。

后来,我们的朋友哈雷博士,约在 1677 年到达圣赫勒拿岛(island of St. Helena),他发现与伦敦制作相同的摆钟到那里后变慢了。他把摆杆缩短了 $\frac{1}{8}$ 寸,或 $1\frac{1}{2}$ 分;为此,由于在摆杆底部的螺纹失效,他在螺母和摆锤之间垫了一只木圈。

1682 年,法林(M. Varin)和德斯海斯(M. des Hayes)发现,在巴黎皇家天文台摆动为一秒的单摆长度,为 3 尺又 $8\frac{5}{9}$ 分。而用相同的手段在戈雷岛(island of Goree)测量时,等时摆的长度为 3 尺又 $6\frac{5}{9}$ 分,比前者短了 2 分。同一年里,他们又在瓜达罗普和马丁尼古岛(islands of Guadaloupe and Martinico)发现,在这些岛的等时摆长为 3 尺又 $6\frac{1}{2}$ 分。

以后,小 M. 库普莱(M. Couplet)在 1697 年 7 月,在巴黎皇家天文台把他的摆钟与太阳的平均运动校准,使之在相当长时间里与太阳运动吻合。次年 11 月,他到了里斯本,发现他的钟在 24 小时里比原先慢 2 分 13 秒;再次年 3 月,他到达帕雷巴(Paraiba),发现他的钟比在巴黎,24 小时里慢 4 分 12 秒。他断定在里斯本的秒摆要比巴黎短 $2\frac{1}{2}$ 分,而比在帕雷巴短 $3\frac{2}{3}$ 分。如果他计算的差值为 $1\frac{1}{3}$ 分和 $2\frac{5}{9}$ 分的话,他的工作将更出色。因为这些差值才对应于时间差 2 分 13 秒和 4 分 12 秒,但这位先生的观测太粗糙了,我们无法相信。

后来在 1699 年和 1700 年,M. 德斯海斯再次航行美洲,他发现在凯恩和格林纳达(Granada)岛秒摆略短于 3 尺又 $6\frac{1}{2}$ 分;而在圣·克里斯托弗岛(island of St.

Christopher)为 3 尺 6 $\frac{3}{4}$ 分;在圣·多明戈岛(island of St. Domingo)为 3 尺 7 分。

1704 年,弗勒[①]在美洲的皮尔托·贝卢(Puerto Bello)发现,那里的秒摆仅为 3 巴黎尺又 5 $\frac{7}{12}$ 分,比在巴黎几乎短 3 分;但这次观测是失败的。因为他后来到达马丁尼古岛时,发现那里的等时摆长为 3 巴黎尺又 5 $\frac{10}{12}$ 分。

帕雷巴在南纬 6°38′;皮尔托·贝卢为北纬 9°33′;凯恩、戈雷、瓜达罗普、马丁尼古、格林那达、圣·克里斯托弗和圣·多明戈诸岛分别为北纬 4°55′,14°40′,15°00′,14°44′,12°06′,17°19′ 和 19°48′,巴黎秒摆的长度比在这些纬度上的等时摆所超出的长度略大于在上表中所求出的值。所以,地球在赤道处应略高于上述推算,地心处的密度应略大于地表,除非热带地区的热也许会使摆长增加。

---

① Feuille,Louis(1660—1732),法国天文学家、植物学家。——译者注

因为,M.皮卡德曾发现,在冬季冰冻天气下长 1 英尺的铁棒,放到火中加热后,长度变为 1 英尺又 $\frac{1}{4}$ 分。后来,M.德拉希尔发现在类似严冬季节长 6 英尺的铁棒放到夏季阳光下曝晒后伸长为 6 英尺又 $\frac{2}{3}$ 分。前一种情形中的热比后一种强,而在后一情形中也热于人体表面;因为在夏日阳光下曝晒的金属能获得相当可观的热度。但摆钟的杆从未受过夏日阳光的曝晒,也未获得过与人体表面相等的热;因而,虽然 3 英尺长的摆钟杆在夏天的确会比冬天略长一些,但差别很难超过 $\frac{1}{4}$ 分。所以,在不同环境下等时摆钟摆长的差别不能解释为热的差别;法国天文学家并没有错。虽然他们的观测之间一致性并不理想,但其间的误差是可以忽略的;他们的一致之处在于,等时摆在赤道比在巴黎天文台短,差别不小于 $1\frac{1}{4}$ 分,不大于 $2\frac{2}{3}$ 分。M.里歇尔在凯恩岛给出的观测是,差为 $1\frac{1}{4}$ 分。这一差值为 M.德斯海斯的观测所纠正,变为 $1\frac{1}{2}$ 分或 $1\frac{3}{4}$。其他人精度较差的观测结果约为 2 分。这种不一致可能部分由于观测误差,部分则由于地球内部部分的不相似性,以及山峰的高度;还部分地来自空气温度的差异。

我用的一根 3 英尺长的铁棒,在英格兰,冬天比夏天短六分之一。因为在赤道处酷热,从 M. 里歇尔的观测结果 $1\frac{1}{4}$ 分中减去这个量,尚余 $1\frac{1}{12}$ 分,这与我们先前在本理论中得到的 $1\frac{87}{1000}$ 相符合得极好。M. 里歇尔在凯恩岛的实验在整整 10 个月里每周都重复,并把他所发现的摆长与记在铁棒上的在法国的长度相比较。这种勤勉与谨慎似乎正是其他观测者所缺乏的。我们如果采用这位先生的观测,则地球在赤道比在极地处高,差值约为 17 英里①,这证实了上述理论。

命题 24　定理 19

海洋的涨潮和落潮是由于太阳和月球的作用引起的。

────────

① 1 英里＝1609.344 米。——编辑注

由第一编命题 XIX 推论 XIX 或推论 XX 可知，海水在每天都涨落各两次，月球日与太阳日一样；而且在开阔而幽深的海洋里的海水应在日、月球到达当地子午线后6 小时以内达到最大高度；地处法国与好望角之间的大西洋和埃塞俄比亚海东部海域就是如此；在南部海洋的智利和秘鲁沿岸也是如此；在这些海岸上涨潮约发生在第二、第三或第四小时，除非来自深海的潮水运动受到海湾浅滩的导引而流向某些特殊去处，延迟到第五、第六或第七小时，甚至更晚。我所说的小时是由日、月抵达当地子午线或正好低于或高于地平线时起算的；月球日是月球通过其视在周日运动经过一天后再次回到当地子午线所需的时间，小时是该时间的 $\frac{1}{24}$。日、月到达当地子午线时，海洋涨潮力最大；但此时作用于海水的力会持续一段时间，并由于新的虽然较小的但仍作用于它的力的加入而不断增强。这使洋面越来越高，直到该力衰弱到再也无法举起它为止，此时洋面达到最大高度。这一过程也许要持续 1 或 2 小时，而在浅海沿岸，常会持续约 3 小时，甚至更久。

太阳和月球激起两种运动,它们没有明显区别,却在二者之间合成一个复合运动。在日、月的会合点或对冲点,它们的力合并在一起,形成最大的涨潮和退潮。在方照点,太阳举起月球的落潮,或使月球的涨潮退落,它们的力的差造成最小的潮。因为(如经验告诉我们的那样)月球的力大于太阳的力,水的最大高度约发生在第三个月球小时。除朔望点和方照点外,单独由月球力引起的最大潮应发生在第三个月球小时,而单独由太阳引起的最大潮应发生在第三个太阳小时,两者的复合力引起的潮应发生在一个中间时间,且距第三个月球小时较近。所以,当月球由朔望点移向方照点时,在此期间第三个太阳小时领先于第三个月球小时,水的最大高度也先于第三个月球小时到达,并以最大间隔稍落后于月球的八分点;而当月球由方照点移向朔望点时,最大潮又以相同间隔落后于第三月球小时。这些情形发生于辽阔海面上;在河口处最大潮晚于海面的最大高度。

不过,太阳和月球的影响取决于它们到地球的距离;因为距离较近时影响较大,距离较远时影响较小,这种作用正比于它们视在直径的立方。所以在冬季时太阳位于近地点,其影响较大,且在朔望点时影响更大,而在方照点时则较夏季时影响为小;每个月里,当月球处于近地点时,它引起的海潮大于此前或此后15天位于远地点时的情形。由此可知两个最大的海潮并不接连发生于两个紧连着的朔望点之后。

类似地,太阳和月球的影响还取决于它们相对于赤道的倾斜或距离;因为,如果它们位于极地,则对水的所有部分吸引力不变,其作用没有涨落变化,也不会引起交替运动。所以当它们与赤道倾斜而趋向某一极点时,它们将逐渐失去其作用力,由此知它们在朔望点激起的海潮在夏至和冬至时小于春分和秋分时。但在二至方照点引起的潮大于在二分方照点;因为这时月球位于赤道,其作用力超出太阳最多。所以最大的海潮发生于这样的朔望点,最小的海潮发生于这样的方照点,它们与二分点差不多同时;经验也告诉我们,朔望大潮之后总是紧跟着一个方照小潮。但因太阳在冬季距地球较夏季为近,所以最大和最小的潮常常分别出现在春分之前而不是之后,秋分之后而不是之前。

此外,日月的影响还决定于纬度位置。令 ApEP 表

示覆盖着深水的地球;C 为地心;P,p 为两极;AE 为赤
道;F 为赤道外任一点;Ff 为平行于该点的直线;Dd 为
赤道另一侧的对称平行线;L 为三小时前月球的位置;H
为正对着 L 的地球上的点;h 为反面对应点;K,k 为 90
度处的距离;CH,Ch 为海洋到地心的最大高度;CK,Ck
为最小高度:如果以 Hh,Kk 为轴作椭圆,并使该椭圆绕
其长轴 Hh 旋转形成椭球 HPKhpk,则该椭球近似表达

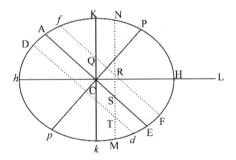

了海洋形状;而 CF,Cf,CD,Cd 则表示海洋在 Ff,Dd
处的高度。再者,在椭圆旋转时,任意点 N 画出圆 NM
与平行线 Ff,Dd 相交于任意处所 R,T,与赤道 AE 相
交于 S;则 CN 表示位于该圆上所有点 R,S,T 上的海洋
高度。所以,在任意点 F 的周日运动中,最大潮水发生
于 F,月球由地平线上升到子午线之后 3 小时;此后最大

落潮发生于 Q 处,月球落下 3 小时后;然后最大潮水又出现在 f,月球落下地平线到达子午线后 3 小时;最后,又是在 Q 处的最大落潮,发生于月球升起后的 3 小时;在 f 处的后一次大潮小于在 F 的前一次大潮。因为整个海洋可以分为两个半球形潮水,半球 KHk 在北半球,而 Khk 则在另一侧,我们不妨称之为北部海潮和南部海潮。这两个海潮总是相反的,以 12 个月球小时为间隔交替地到达所有地方的子午线。

北部国家受北部海潮影响较大,南部国家受南部海潮影响较大,由此形成海洋潮汐,在日月升起和落下的赤道以外的所有地方交替地由大变小,又由小变大。最大的潮发生于月球斜向着当地的天顶,到达地平线以上子午线之后 3 小时之时;而当月球改变位置,斜向着赤道另一侧时,较大的潮也变为较小的潮。最大的潮差发生在 2—6 时;当月球上升的交会点在白羊座(Aries)第一星附近时尤其如此。所以经验告诉我们冬季时朝潮大于晚潮,而在夏季时晚潮大于朝潮;科勒普赖斯(Colepress)和斯多尔米(Sturmy)曾观察到,在普利茅斯(Plymouth)这种高差为 1 英尺,而在布里斯托(Bristol)为 15 英寸。

但以上所讨论的海潮运动会因交互作用力而发生某种改变,水一旦发生运动,其惯性会使这种运动持续一小段时间。因而,虽然天体的作用已经消失,但海潮还能持续一段时间。这种保持压缩运动的能力减小了交替的潮差,使紧随着朔望大潮的海潮变大,也使方照小潮之后的小潮变小。因此,普利茅斯和布里斯托的交替海潮差不至于超过 1 英尺或 15 英寸,而且这两个港口的最大潮不是发生在朔望后的第一天,而是在第三天。此外,由于潮水运动在浅水海峡中受到阻碍,使得某些海峡和河口处的最大潮发生于朔望后的第四天或第五天。

还有这种情况,来自海洋的潮通过不同海峡到达同一港口,而且通过某些海峡的速度快于通过其他海峡;在这种情形中,同一个海潮分为两个或更多相继而至的潮水,并复合为一种不同类型的新的运动。设两股相等的潮水自不同处所涌向同一港口,一个比另一个晚 6 小时;设第一股水发生于月球到达该港口子午线后第三小时。如果月球到达该子午线时正好在赤道上,则该处每

6 小时交替出现相等的潮，它们与同样多的相等落潮相遇，结果相互间保持平衡，这一天的水面平静安宁。如果随后月球斜向着赤道，则海洋中的潮如上所述交替地时大时小；这时，两股较大，两股较小的潮水将先后交替地涌向港口，两股较大的潮水将使水在介于它们中间的时刻达到最大高度；而在大潮与小潮的中间时刻，水面达到一平均高度，在两股小潮中间时刻水面只升到最低高度。这样，在 24 小时里，水面只像通常所见到的那样，不是两次，而只是一次达到最大高度，一次达到最低高度；而且，如果月球斜向着上极点，则最大潮位发生于月球到达子午线后第六小时或第三十小时；当月球改变其倾角时，即转为落潮。

　　哈雷博士曾根据位于北纬 20°50′ 的敦昆王国（Kingdom of Tunquin）巴特绍港（port of Batshow）水手的观察，为我们提供了一个这样的例子。在这个港口，在月球通过赤道之后的一天内，水面是平静的；当月球斜向北方时，潮水开始涨落，而且不像在其他港口那样一天两次，而是每天只有一次；涨潮发生于月落时刻，而退潮则在月亮升起时。这种海潮随着月球的倾斜而增强，直

到第七天或第八天;随后的七天或八天则按增强的比率
逐渐减弱,在月球改变斜度,越过赤道向南时消失。此
后潮水立即转为退潮。落潮发生在月落时刻,而涨潮则
在月升时刻,直到月球再次通过赤道改变其倾斜。有两
条海湾通向该港口和邻近水路,一条来自中国海(seas
of China),介于大陆与吕卡尼亚岛(island of Leuconia)
之间;另一条则来自印度洋(Indian Sea),介于大陆与波
尔诺岛(island of Borneo)之间。但是否真的两股潮水
通过这两条海湾而来,一条在 12 小时内由印度洋而来,
另一条在 6 小时内由中国海而来,使得在第三月和第九
月球小时汇合在一起,产生这种运动;或者,还是由于这
些海洋的其他条件造成的? 我留待邻近海岸的人们去
观测判断。

这样,我已解释了月球运动与海洋运动的原因。现
在可以考虑与这些运动的量有关的问题了。

引　理　4

彗星远于月球,位于行星区域。

天文学家们认为彗星位于月球以外,因为看不到它们的日视差,而其年视差表明它们落入行星区域。因为如果地球位于它们与太阳之间,则按各星座顺序沿直线路径运动的所有彗星,在其显现的后期比正常情况运行得慢或逆行;而如果地球相对于它们处在太阳的对面,则又比正常情况快。另一方面,沿各星座逆秩运动的彗星,如果地球介于它们与太阳之间,则在其显现的后期快于正常情况;而如果地球在其轨道的另一侧,则又太慢或逆行。这些现象主要是由地球相对于其运动路径的不同位置决定的。与行星的情形相同,行星运动看起来有时逆行,有时顺行,有时很慢,有时很快,这要由地球运动与行星运动的方向相同或相反来决定。

如果地球与行星运动方向相同,但由于地球绕太阳的角运动较快,使得由地球伸向彗星的直线会聚于彗星以外部分,由在地球上看来,由于彗星运动较慢,它显现出逆行;甚至即使地球慢于彗星,在减去地球的运动之后,彗星的运动至少也显得慢了。但如果地球与彗星运动方向相反,则彗星运动将因此而明显加快;由这些视在的加速、变慢或逆行运动,可以用下述方法求出彗星的距离。

令 rQA,rQB,rQC 为观测到彗星初次显现时的黄纬,rQF 为其消失前所最后测出的黄纬。作直线 ABC,其上由直线 QA 和 QB,QB 和 QC 所截开的部分 AB 和 BC 相互间的比等于前三次观测之间的两段时间的比。延长 AC 到 G,使 AG 比 AB 等于第一次与最后一次观测之间的时间比第一次与第二次观测之间的时间;连接 QG。如果彗星的确沿直线匀速运动,而地球或是静止不动,或是也类似地沿直线做匀速运动,则角 rQG 为最后观测到彗星的黄纬。因而,彗星与地球运动的不等性即产生表示黄纬差的角 FQG,如果地球与彗星反向运动,则该角叠加在角 rQG 上,彗星的视在运动加速;但如果彗星与地球同向运动,由它应从中减去,彗星运动或是变慢,或可能变为逆行,像我们刚才解释过的那样。

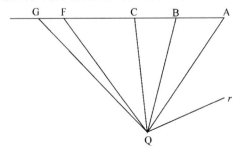

所以,这个角主要由地球运动而产生,可恰当地视为是彗星的视差,在此忽略不计彗星在其轨道上不相等运动所引起的增量或减量。由该视差可以这样推算出彗星距离。令 S 表示太阳,acT 表示大轨道,a 为第一次观测时地球的位置,C 为第三次观测时地球的位置,T 为最后一次观测彗星时地球的位置,Tr 为作向白羊座首星的直线。取角 rTV 等于角 rQF,即,等于地球位于 T 时彗星的黄纬;连接 ac 并延长到 g,使 ag 比 ac 等于 AG 比 AC;则 g 为最后一次观测时,如果地球沿直线 ac 匀速运动所达到的位置。所以,如果作 gr 平行于 Tr,

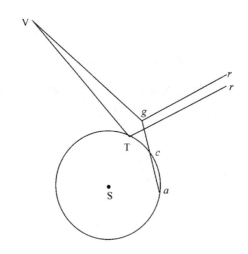

并使角 rgV 等于角 rQG,则该角 rgV 等于由位置 g 所看到的彗星的黄纬,而角 TVg 则为地球由位置 g 移到位置 T 所产生的视差;所以位置 V 为彗星在黄道平面上的位置。一般而言这个位置 V 低于木星轨道。

由彗星路径的弯曲度也可求出相同的结果,因为这些星体几乎沿大圆运动,而且速度极大;但在它们路径的末端,当其由视差产生的视在运动部分在其总视在运动中占很大比例时,它们一般地都偏离这些大圆。这时地球在一侧,而它们偏向另一侧;因为相对于地球的运动,这些偏折必定主要是由视差所产生的。偏折量如此之大,按我的计算,彗星隐没位置尚远低于木星。由此可推知,当它们位于近地点和近日点而接近我们时,通常低于火星和内层行星的轨道。

彗头的光亮也可进一步证实彗星的接近。因为天体的光亮是受之于太阳的,在远离时正比于距离的四次幂而减弱;即由于其到太阳距离的增加而正比于平方,又由于其视在直径的减小而正比于平方。所以,如果彗星的光的量与其视在直径是给定的,则其距离就可以取彗星到一颗行星的距离正比于它们的直径反比于亮度的平方根而求出。

在 1682 年出现的彗星,弗莱姆斯蒂德①先生使用
16 英尺望远镜配置千分仪,测出它的最小直径为 $2'00''$;
位于其头部中央的彗核或星体不超过这一尺度的 $\frac{1}{10}$,因
而其直径只有 $11''$ 或 $12''$;但它的头部光亮和辉光却超过
1680 年的彗星,与第一星或第二星等的恒星差不多。设
土星及其环的亮度为其四倍;因为环的亮度几乎等于其
内部的星体,星体的视在直径约为 $21''$,因而星体与环的
复合亮度与一个直径 $30''$ 的星体相等,由此推知该彗星
的距离比土星的距离,反比于 $1:\sqrt{4}$,正比于 $12'':30''$;
即等于 24:30,或 4:5。另外,海威尔克(Hewelcke)告
诉我们,1665 年 4 月的彗星,亮度几乎超过所有恒星,甚
至比土星的光彩更加生动;因为该彗星比前一年年终时
出现的另一颗彗星更亮,与第一星等的恒星差不多。其
头部直径约 $6'$,但通过望远镜观测发现,其彗核仅与行
星差不多,比木星还小;较之土星环内的星体,它有时略

① Flamsteed,John(1646—1719),英国天文学家,以精密观测著
称。——译者注

小,有时与之相等。所以,由于彗星头部直径很少超过
$8'$ 或 $12'$,而其彗核部分的直径仅为头部的 $\dfrac{1}{10}$ 或 $\dfrac{1}{15}$,这似
乎表明彗星的视在尺度一般与行星相当。但由于它们
的亮度常常与土星相近,而且,有时还超过它。很明显
所有的彗星在其近日点时或是低于土星,或在其上不远
处;有人认为它们差不多与恒星一样远,实在荒谬之至。
因为如果真是如此,则彗星得自太阳的光亮绝不可能超
过行星得自恒星的光亮。

　　迄此为止我们尚未考虑彗星由于其头部为大量浓
密的烟尘所包围而显得昏暗,彗头在其中就像在云雾中
一样总是暗淡无光。然而,物体越是为这种烟尘所笼
罩,它必定越能接近太阳,这使得它所反射的光的量与
行星不相上下。因此彗星很可能落到远低于土星轨道
的地方,像我们通过其视差所证明的那样。但最重要的
是,这一结论可以由彗尾加以证明。彗尾必定或是由彗
星产生的烟尘在以太中扩散而反射阳光形成的,或是由
其头部的光所形成的。如果是第一种情形,我们必须缩
短彗星的距离,否则只能承认彗头产生的烟尘能以不可

思议的速度在巨大的空间中传播和扩散;如果是后一情形,彗头和彗尾的光只能来自彗核。但是,如果设想所有这些光都集聚在其核部之内,则核部本身的亮度必远大于木星,尤其是当它喷射出巨大而明亮的尾部时。所以,如果它能以比木星小的视在直径反射出比木星多的光,则它必定受到多得多的阳光照射,因而距太阳极近;这一理由将使彗头在某些时候进入金星的轨道之内,即,在这时,彗星淹没在太阳的光辉之中,像它们有时所表现的那样,喷射出像火焰一样的巨大而明亮的彗尾。因为,如果所有这些光都集聚到一颗星体上,它的亮度不仅有时会超过金星,还会超过由许多金星所合成的星体。

最后,由彗头的亮度也能推出相同结论。当彗星远离地球趋近太阳时其亮度增加,而在由太阳返向地球时亮度减小。因此,1665 年的彗星(根据海威尔克的观测),从它首次被发现时起,一直在失去其视在运动,因而已通过其近地点;但它头部的亮度却逐日增强,直至淹没在太阳光之中,彗星消失。

1683 年的彗星(根据海威尔克的观测),约在 7 月底首次出现,其速度很慢,每天在其轨道上只前进约 40 分或 45 分;但从那时起,其日运动逐渐增快,直到 9 月 4 日,达到约 5 度;因而,在这整个时间间隔里,该彗星是趋近地球的。这也可以由以千分仪对其头部直径的测量来证明。8 月 6 日,海威尔克发现它只有 6′5″,这还包括彗发(coma),而到 9 月 2 日,他发现已变为 9′7″;可见在其运动开始时头部远小于结束时。虽然在开始时,由于接近太阳,其亮度远大于结束时,正像海威尔克所指出的那样。所以在这整个时间间隔里,由于它是离开太阳的,尽管在靠近地球,但亮度却在减小。

1618 年的彗星,约在 12 月中旬。1680 年的彗星,约在同一个月底,达到其最大速度,因而是位于近地点的。但它们的头部最大亮度,却出现在两周以前,当时它们刚从太阳光中显现,彗尾的最大亮度出现得更早些,那时距太阳更近。前一颗彗星的头部(根据赛萨特①的观测),12 月 1 日超过第一星等的恒星;12 月 16 日(位于近地点),其大小基本不变,但其亮度和光芒却大

①　J. B. Cysat(1586—1657),瑞士天文学家。——译者注

为减小。次年 1 月 7 日,开普勒由于无法确定其彗头而放弃观测。12 月 12 日,弗莱姆斯蒂德先生发现,后一颗彗星的彗头距太阳只有 9 度,亮度不足第三星等。12 月 15 日和 17 日,它达到第三星等,但亮度由于落日的余晖和云雾而减弱。12 月 26 日,它达到最大速度,几乎位于其近地点,出现在近于飞马座口(mouth of Pegasus)的地方,亮度为第三星等。次年 1 月 3 日,它变为第四星等。1 月 9 日,第五星等。1 月 13 日,它被月光淹没,当时月光正在增强。1 月 25 日,它已不足第七星等。

如果我们取在近地点两侧相等的时间间隔做比较,就会发现,在两个时间间隔很大但到地球距离相等时,彗头所表现的亮度是相等的,在近地点趋向太阳的一侧时达到最大亮度,在另一侧消失。所以,由一种情况与另一种情况的巨大的亮度差,可以推断出,在太阳附近的大范围里出现的彗星属于前一种情况,因为其亮度呈规则变化,并在彗头运动最快时最大,因而位于近地点,除非它因继续靠近太阳而增大亮度。

推论Ⅰ. 彗星的光芒来自对太阳光的反射。

推论Ⅱ. 由上述理由可类似地解释为什么彗星总

是频繁出现在太阳附近而在其他区域很少出现。如果它们在土星以外是可见的,则应更频繁地出现于背向太阳一侧;因为在距地球更近的一些地方,太阳会使出现在其附近的彗星受到遮盖或淹没。然而,我通过考查彗星历史,发现在面向太阳的一侧出现的彗星四倍或五倍于在背向太阳的一侧;此外,被太阳光辉所淹没的彗星无疑也绝不是少数:因为落入我们的天区的彗星,既不射出彗尾,又不为阳光所映照,无法为我们的肉眼所发现,直到它们距我们比距木星更近时为止。但是,在以极小半径绕太阳画出的球形天区中,远为更大的部分位于地球面向太阳的一侧;在这部分空间里彗星一般受到强烈照射,因为它们在大多数情况下都接近太阳。

推论Ⅲ. 因此很明显地,天空中没有阻力存在;因为虽然彗星是沿斜向路径运行的,并有时与行星方向相反,但它们的运动方向有极大自由,并可以将运动保持极长时间,甚至在与行星逆向运动时也是如此。如果它们不是行星中的一种,沿着环形轨道做连续运动的话,则我的判断必错无疑。按某些作者的观点,彗星只不过是流星而已,其根据是彗星在不断变化,但是证据不足。因为彗头为巨大的气团所包围,该气团底层的密度必定最大;因而我们所看到的只是气团,而不是彗星星体本身。这和地球一样,如果从行星上看,毫无疑问,只能看到地球上云雾的辉光,很难透过云雾看到地球本身。这也和木星带一样,它们由木星上云雾组成,因为它们相互间的位置不断变化,我们很难透过它们看到木星实体;而彗星实体必定更是深藏在其浓厚的气团之内。

总　　释

　　涡旋假说面临许多困难。每颗行星通过伸向太阳的半径掠过正比于环绕时间的面积,涡旋各部分的周期正比于它们到太阳距离的平方;但要使行星周期获得到太阳距离的 $\frac{3}{2}$ 次幂的关系,涡旋各部分的周期应正比于距离的 $\frac{3}{2}$ 次幂。而要使较小的涡旋关于土星、木星以及其他行星的较小环绕得以维持,并在绕太阳的大涡旋中平稳不受干扰地进行,太阳涡旋各部分的周期则应当相等;但太阳和行星绕其自身的轴的转动,又应当对应于属于它们的涡旋运动,因而与上述这些关系相去甚远。彗星的运动极为规则,是受到与行星运动相同的规律支配的,但涡旋假说却完全无法解释;因为彗星以极为偏心的运动自由地通过同一天空中的所有部分,绝非涡旋说可以容纳。

在我们的空气中抛体只受到空气的阻碍。如果抽去空气，像在波义耳先生所制成的真空里面那样，阻力即消失；因为在这种真空里一片羽毛（a bit of fine）与一块黄金的下落速度相等。同样的论证必定也适用于地球大气以上的天体空间。在这样的空间里，没有空气阻碍运动，所有的物体都畅通无阻地运动着；行星和彗星都依照上述规律沿着形状和位置已定的轨道进行着规则的环绕运动；然而，即便这些星体沿其轨道维持运动可能仅仅是由引力规律的作用，但它们绝不可能从一开始就由这些规律中自行获得其规则的轨道位置。

六个行星在围绕太阳的同心圆上转动，运转方向相同，而且几乎在同一个平面上。有十个卫星分别在围绕地球、木星和土星的同心圆上运动，而且运动方向相同，运动平面也大致在这些行星的运动平面上；鉴于彗星的行程沿着极为偏心的轨道跨越整个天空的所有部分，不能设想单纯力学原因就能导致如此多的规则运动；因为它们以这种运动轻易地穿越了各行星的轨道，而且速度极大；在远日点，它们运动最慢，滞留时间最长，相互间距离也最远,因而相互吸引造成的干扰也最小。

这个最为动人的太阳、行星和彗星体系,只能来自一个全能全智的上帝(Being)的设计和统治。如果恒星都是其他类似体系的中心,那么这些体系也必定完全从属于上帝的统治,因为这些体系的产生只可能出自同一份睿智的设计。尤其是,由于恒星的光与太阳光具有相同的性质,而且来自每个系统的光都可以照耀所有其他的系统;为避免各恒星的系统在引力作用下相互碰撞,他便将这些系统分置在相互很远的距离上。

上帝不是作为宇宙之灵而是作为万物的主宰来支配一切的;他统领一切,因而人们惯常称之为"我主上帝"(παγτοκρατωρ)或"宇宙的主宰";须知 God(上帝)是一个相对词,与仆人相对应,而且 Deity(神性)也是指上帝对仆人的统治权,绝非犹如那些认定上帝是宇宙之灵的人们所想象的那样,是指其自治权。至高无上的上帝作为一种存在物必定是永恒的、无限的、绝对完美的;但一种存在物,无论它多么完美,只要它不具有统治权,则不可称之以"我主上帝"。须知我们常说,我的上帝,你的上帝,以色列人的上帝,诸神之神,诸王之王;但我们不说我的永恒者,你的永恒者,以色列人的永恒者,神的永恒者;我们也不说,我的无限者,或我的完美者——所有这些称谓都与仆人一词不构成某种对应关系。上帝这个词①一般用以指君主,但并不是每个君主都是上帝。只有拥有统治权的精神存在者才能成其为上帝:一个真实的、至上的或想象的统治才意味着一个真实的、至上的或想象的上帝。他有真实的统治意味着真实的上帝是能动的,全能全智的存在物;而他的其他完美性,意味着他是至上的,最完美的。他是永恒的和无限的,无所不能的,无所不知的;即,他的延续从永恒直达永恒;他的显现从无限直达无限;他支配一切事物,而且知道一切已做的和当做的事情。他不是永恒和无限,但却是永恒的和无限的;他不是延续或空间,但他延续着而且存在着。他永远存在,且无所不在;由此构成了延续和空间。由于空间的每个单元都是永存的,延续的每个不可

---

① 原注:Pocock 博士由阿拉伯语中表示君主(Lord)的词 du(间接格为 di)推演出拉丁词 Deus。在此意义上,《诗篇》82.6 和《约翰福音》10.35 中的国王(prices)称为神。而《出埃及记》4.16 和 7.1 中的摩西的兄弟亚伦称摩西为上帝,法老也称他为上帝。而在相同意义上已故国王的灵魂,在以前被异教徒称为神,但却是错误的,因为他们没有统治权。

分的瞬间都是无所不在的,因而,万物的缔造者和君主
不能是虚无和不存在。

　　每个有知觉的灵魂,虽然分属于不同的时间和不同
的感觉与运动器官,仍是同一个不可分割的人。在延续
中有相继的部分,在空间中有共存的部分,但这两者都
不存在于人的人性和他的思维要素之中;它们更不存在
于上帝的思维实体之中。每一个人,只要他是个有知觉
的生物,在其整个一生以及其所有感官中,他都是同一
个人。上帝也是同一个上帝,永远如此,处处如此。不
论就实效而言,还是就本质而言,上帝都是无所不在的,
因为没有本质就没有实效。一切事物都包含在他①之中
并且在他之中运动;但却不相互影响:物体的运动完全

----

　　① 原注:这是古代人的看法。如在西赛罗的《论神性》(*De natura deorum*)第一章中的毕达哥拉斯,维吉尔《农事诗》(*Georgics*)第四章第220页和《埃涅阿斯记》(*Aeneid*)第六章第721页中的泰勒斯、阿那克西哥拉、维吉尔。斐洛在《寓言》(*Allegories*)第一卷开头。阿拉托斯在其《物象》(*Phoeromena*)开头。也见于圣徒的写作,如《使徒行传》17章27、28节中的保罗,《约翰福音》14章2节,《申命记》4章39节和10章14节中的摩西,《诗篇》139篇7、8、9节中的大卫,《列王记·上》8章27节中的所罗门,《约伯记》22章12、13、14节,《耶利米书》23章23、24节。崇拜偶像的人认为太阳,月亮星辰,人的灵魂以及宇宙的其他部分都是至上的上帝的各个部分,因而应当受到礼拜,但却是错误的。

无损于上帝；无处不在的上帝也不阻碍物体的运动。所有的人都同意至高无上的上帝的存在是必要的。所有的人也都同意上帝必然永远存在而且处处存在。因此，他必是浑然一体的。他浑身是眼，浑身是耳，浑身是脑，浑身是臂，浑身都有能力感觉、理解和行动；但却是以一种完全不属于人类的方式，一种完全不属于物质的方式，一种我们绝对不可知的方式行事。就像盲人对颜色毫无概念一样，我们对全能的上帝感知和理解一切事物的方式一无所知。他绝对超脱于一切躯体和躯体的形状，因而我们看不到他，听不到他，也摸不到他；我们也不应当向着任何代表他的物质事物礼拜。我们能知道他的属性，但对任何事物的真正本质却一无所知。我们只能看到物体的形状和颜色，只能听到它们的声音，只能摸到它们的外部表面，只能嗅到它们的气味，尝到它们的滋味；但我们无法运用感官或任何思维反映作用获知它们的内在本质；而对上帝的本质更是一无所知。我们只能通过他对事物的最聪明、最卓越的设计以及终极的原因来认识他；我们既赞颂他的完美，又敬畏并且崇拜他的统治；因为我们像仆人一样地敬畏他；而没有统治,没有庇佑,没有终极原因的上帝,与命运和自然无异。盲目的形而上学的必然性,当然也是永远存在而且处处存在的,但却不能产生出多种多样的事物。而我们随时随地可以见到的各种自然事物,只能来自一个必然存在着的存在物的观念和意志。

无论如何,用一个比喻,我们可以说,上帝能看见,能说话,能笑,能爱,能恨,能盼望,能给予,能接受,能欢乐,能愤怒,能战斗,能设计,能劳作,能营造;因为我们关于上帝的所有见解,都是以人类的方式得自某种类比的,这虽然不完备,但也具有某种可取之处。我们对上帝的谈论就到这里,而要做到通过事物的现象了解上帝,实在是非自然哲学莫属。

迄此为止我们以引力作用解释了天体及海洋的现象,但还没有找出这种作用的原因。它当然必定产生于一个原因,这个原因穿越太阳与行星的中心,而且它的力不因此而受丝毫影响;它所发生的作用与它所作用着的粒子表面的量(像力学原因所惯常的那样)无关,而是取决于它们所包含的固体物质的量,并可向所有方向传递到极远距离,总是反比于距离的平方减弱。指向太阳的引力是由指向构成太阳的所有粒子的引力所合成的，而且在离开太阳时精确地反比于距离的平方，直到土星轨道，这是由行星的远日点的静止而明白无误地证明了的；而且，如果彗星的远日点也是静止的，这一规律甚至远及最远的彗星远日点。但我迄今为止还无能为力于从现象中找出引力的这些特性的原因，我也不构造假说；因为，凡不是来源于现象的，都应称其为假说；而假说，不论它是形而上学的或物理学的，不论它是关于隐秘的质的或是关于力学性质的，在实验哲学中都没有地位。在这种哲学中，特定命题是由现象推导出来的，然后才用归纳方法进行推广。正是由此才发现了物体的不可穿透性，可运动性和推斥力以及运动定律和引力定律。对于我们来说，能知道引力的确实存在着，并按我们所解释的规律起作用，并能有效地说明天体和海洋的一切运动，即已足够了。

现在我们再补充一些涉及某种最微细的精气的事情，它渗透并隐含在一切大物体之中；这种精气的力和作用使物体粒子在近距离上相互吸引，而且在相互接触时即粘连在一起，使带电物体的作用能延及较远距离，既能推斥也能吸引附近的物体；并使光可以被发射、反射、折射、衍射，并对物体加热；而所有感官之受到刺激，动物肢体在意志的驱使下运动，也是由于这种精气的振动，沿着神经的固体纤维相互传递，由外部感觉器官通达大脑，再由大脑进入肌肉。但这些事情不是寥寥数语可以解释得清的，而要精确地得到和证明这些电的和弹性精气作用的规律，我们还缺乏必要且充分的实验。

下 篇

学习资源
Learning Resources

扩展阅读

数字课程

思考题

阅读笔记

扩展阅读

书　　名：自然哲学之数学原理（全译本）

作　　者：[英]牛顿　著

译　　者：王克迪　译　袁江洋　校

出版社：北京大学出版社

全译本目录

数字课程

请扫描"科学元典"微信公众号二维码,收听音频。

思考题

1. 《自然哲学之数学原理》的三个运动公理或定律，与我们今天的物理课本中的牛顿运动三定律在内容和形式上有什么不同？

2. 《自然哲学之数学原理》是在什么地方论述万有引力定律（或定理）的？

3. 牛顿在《自然哲学之数学原理》中是怎样表述微积分基本思想的？

4. 牛顿是怎样解释潮汐现象的？根据牛顿的计算，当月球经过一个地方的天顶（子午线）之后多长时间，当地的潮位达到最大？

5. 你能结合 2020 年 7 月出现的 Neowise（新智）彗星，简要表述牛顿的彗星理论吗？

6. 从《自然哲学之数学原理》，可以看出牛顿当时认识到的宇宙是什么样的？

7. 牛顿说："在实验哲学中，我们必须将由现象所归纳出的命题视为完全正确的或基本正确的，而不管想象所可能得到的与之相反的种种假说，直到出现了其他的或可排除这些命题，或可使之变得更加精确的现象之时。"这句话是什么意思？对你有什么启发？

8. 《自然哲学之数学原理》这本书是不是意味着，牛顿真的认为世界上的一切运动都是力学现象，并且都是力学原因引起的？

9. 《自然哲学之数学原理》向人们展示了什么样的科学理论体系样貌？

10. 除了数学推演和计算之外,《自然哲学之数学原理》
　　 还给我们留下了其他什么印象?

阅读笔记

科学元典丛书

已出书目